校企合作开发教材
高等职业院校专业能力建设项目——机电类专业系列精品教材

电工基础与技能训练

主　编　张利国　杨　川
副主编　周川云　陈　婷
　　　　李亚妹　王凯立

西南交通大学出版社
·成　都·

图书在版编目（CIP）数据

电工基础与技能训练 / 张利国，杨川主编. —成都：西南交通大学出版社，2020.5（2024.7 重印）

高等职业院校专业能力建设项目. 机电类专业系列精品教材

ISBN 978-7-5643-7421-1

Ⅰ.①电⋯ Ⅱ.①张⋯ ②杨⋯ Ⅲ.①电工－高等职业教育－教材 Ⅳ.①TM

中国版本图书馆 CIP 数据核字（2020）第 070213 号

高等职业院校专业能力建设项目——机电类专业系列精品教材
Diangong Jichu yu Jineng Xunlian
电工基础与技能训练
主编 张利国 杨 川

责 任 编 辑	穆 丰
助 理 编 辑	赵永铭
封 面 设 计	何东琳设计工作室
出 版 发 行	西南交通大学出版社 （四川省成都市金牛区二环路北一段 111 号 西南交通大学创新大厦 21 楼）
发行部电话	028-87600564　028-87600533
邮 政 编 码	610031
网　　　址	http://www.xnjdcbs.com
印　　　刷	四川森林印务有限责任公司
成 品 尺 寸	185 mm × 260 mm
印　　　张	12.25
字　　　数	306 千
版　　　次	2020 年 5 月第 1 版
印　　　次	2024 年 7 月第 4 次
书　　　号	ISBN 978-7-5643-7421-1
定　　　价	36.00 元

课件咨询电话：028-81435775
图书如有印装质量问题　本社负责退换
版权所有　盗版必究　举报电话：028-87600562

前　言

本书为校企合作开发教材，高等职业院校专业能力建设项目——机电类专业系列规划教材，是根据教育部最新制定的《高职高专教育电工电子技术课程教学基本要求》以及现代企业对电工电子技能人才能力要求编写而成的。

在我国高职高专院校教育体系中，电工基础、电子技术等相关课程是作为电子、电气、机电等专业的技术基础课程而开设的，特别是电工基础是重要的、先行的职业基础课。本书在概观电工技术这一课程的教学目标和教学内容的基础上，认真分析和深入探讨该课程先进的教学理念以及正确的教学方法和手段，同时考虑电子技术与技能训练等后续相关课程学习的衔接，融入了许多与实际紧密结合的应用案例或者实训项目，特别是结合了全国职业院校技能大赛、全国大学生电子设计竞赛等技能竞赛要求学生需具备的理论知识与实践技能，以期推动高职高专的电工与电子技术课程教学的良性发展，为我国相关行业领域培养出更好、更优秀的电工电子技术人才。

本书内容力争做到了深入浅出、通俗易懂，强调理论与实践技能相结合，从而使学生获得良好的学习效果。根据高职高专培养目标的要求以及现代科学技术发展的需要，本书分为2个部分：基础理论篇、技能训练篇，共计14章。主要内容有：电路基本概念和基本定律，电路的分析方法与电路定理，单相交流电路，三相交流电路，磁路与变压器，常用低压电器，电动机和电力拖动基础知识，安全用电，Multisim仿真，万用表的使用，稳压电源，信号源，示波器的使用，手工焊接，电工基础技能训练，常用电工工具使用与维护保养等。通过这些理论知识与实践技能的学习，学生可初步达到《电工》（中级工）职业标准对电工基础知识的基本要求，掌握电路的基础定律，学会电路的定性分析与定量计算，学会常用电工元器件的识别与测试，掌握电工测量技术与电工仪表使用方法等。

本书增加了实践性非常强的Multisim仿真、手工焊接等实践技能，本书设计学时为96理论学时加48实训学时，使用者可根据实际情况进行教学内容的选择、调整，建议将基础理论篇中的第1、2、3章，技能训练篇中的第10、11章作为重点讲解、必要讲解，其他章节根据教学需要、教学课时进行选择讲解或删减讲解。技能训练篇中的第13章电工基础技能训练建议至少完成4个实验。

本书由重庆机电职业技术大学张利国、杨川担任主编并统稿，周川云、陈婷、李亚妹、王凯立担任副主编。具体分工为：张利国指导全书的编写，并编写了基础理论篇的第1、3、5、

7章以及技能训练篇的第10章；杨川负责总体策划、对全书进行统稿，并编写了基础理论篇的第2、4章以及技能训练篇的第9、11、12章，周川云、陈婷、李亚妹、王凯立等编写了基础理论篇的第6、8章以及技能训练篇的第13、14章。

  本书特别邀请了重庆理工大学理论电工电子教研室主任杨奕教授详细地审阅了书稿并提出了许多宝贵意见，重庆理工大学重庆市电工电子实验示范中心万文略教授、张里副教授、彭小峰副教授等专家学者对全书的修改工作提出了很多建设性的意见，在此表示衷心的感谢。

  由于编写时间较紧，加之我们水平有限，疏漏与不当之处在所难免，恳请读者和同行批评指正。

编 者

2019年12月于重庆

目　　录

第1篇　基础理论篇

第1章　电路基本概念和基本定律 ··2
   1.1　电路和电路模型 ··2
   1.2　电流、电压及其参考方向 ··4
   1.3　电功率及电能的概念和计算 ··8
   1.4　电阻、电感和电容元件 ··10
   1.5　独立电源和受控电源 ··13
   1.6　基尔霍夫基本定律 ··18
   课后练习 ··21

第2章　电路的分析方法和电路定理 ··24
   2.1　简单电阻电路分析 ··24
   2.2　复杂电阻电路分析 ··26
   2.3　电压源与电流源的等效变换 ··28
   2.4　叠加原理 ··32
   2.5　等效电源定理 ··33
   2.6　含受控源电路的分析 ··36
   2.7　RC电路的暂态分析 ··38
   课后练习 ··42

第3章　单相交流电路 ··46
   3.1　正弦交流电的基本概念 ··46
   3.2　正弦交流电的相量表示法 ··48
   3.3　单一参数的交流电路 ··51
   3.4　电阻、电感与电容元件串联的交流电路 ··57

3.5 电路中的谐振 ······ 61
3.6 功率因数的提高 ······ 64
课后练习 ······ 66

第4章 三相交流电路 ······ 68
4.1 三相交流电源 ······ 68
4.2 三相负载的连接 ······ 70
4.3 三相电路的功率 ······ 74
课后练习 ······ 75

第5章 磁路及变压器 ······ 77
5.1 磁路的基本知识 ······ 77
5.2 单相变压器 ······ 82
5.3 电力变压器 ······ 87
5.4 特殊变压器 ······ 90
课后练习 ······ 94

第6章 常用低压电器 ······ 96
6.1 低压电器的基本知识 ······ 96
6.2 低压开关 ······ 96
6.3 主令电器 ······ 99
6.4 熔断器 ······ 100
6.5 接触器 ······ 101
6.6 继电器 ······ 102
6.7 电磁铁及电磁离合器 ······ 105
6.8 电阻器及频敏变阻器 ······ 106
6.9 低压导线 ······ 106

第7章 电动机和电力拖动基础知识 ······ 108
7.1 电动机 ······ 108
7.2 电力拖动基础知识 ······ 109

第 8 章　安全用电 ··· 115
　　8.1　用电设备安全 ·· 115
　　8.2　电气作业安全规定 ·· 116
　　8.3　电气防火、防爆 ·· 118
　　8.4　触电急救 ·· 120

第 2 篇　技能训练篇

第 9 章　Multisim 仿真 ··· 125
　　9.1　Multisim 介绍 ·· 125
　　9.2　Multisim 的组成及特点 ·· 125
　　9.3　Multisim 基本功能及使用 ··· 126
　　9.4　Multisim 的常用操作 ·· 135
　　9.5　Multisim 的分析功能 ·· 143

第 10 章　万用表的使用 ··· 145
　　10.1　学习目的 ·· 145
　　10.2　实训器材 ·· 145
　　10.3　基础知识 ·· 145
　　10.4　任务实施 ·· 151

第 11 章　稳压电源、信号源、示波器的使用 ······················ 152
　　11.1　学习目的 ·· 152
　　11.2　实训器材 ·· 152
　　11.3　基础知识 ·· 152
　　11.4　任务实施 ·· 156

第 12 章　手工焊接 ··· 157
　　12.1　实训目的 ·· 157
　　12.2　实训器材 ·· 157
　　12.3　基础知识 ·· 157

| 12.4 任务实施 | 165 |

第 13 章　电工基础技能训练

13.1	基尔霍夫定律	167
13.2	三相交流电路	168
13.3	常见低压电器的识别、安装和运用	170
13.4	三相异步电动机具有过载保护自锁控制线路	171
13.5	三相异步电动机的正反转控制	173
13.6	三相异步电动机 Y-△减压起启控制	175
13.7	模拟照明线路安装	177

第 14 章　常用电工工具的使用与维护保养

14.1	验电器的使用和使用时的安全要求	181
14.2	钢丝钳的使用	182
14.3	尖嘴钳的使用	182
14.4	螺丝刀的使用	183
14.5	电工刀的使用及安全常识	184
14.6	剥线钳的使用	184
14.7	手电钻的使用	184
14.8	拆卸器的使用	185
14.9	游标卡尺的使用	185
14.10	千分尺的使用	185
14.11	塞尺的使用	186
14.12	手动压接钳	186

参考文献 187

第1篇 基础理论篇

第 1 章　电路基本概念和基本定律

电路基本概念和基本定律是本书中最重要的章节，主要是在物理学的基础上从工程技术的观点出发介绍直流电路中的电流、电压、电功率等物理学的基本概念及其相互关系，学习一些基本定律和定理以及应用这些定律和定理分析和计算电路的方法，为后续的学习做准备工作。

1.1　电路和电路模型

1.1.1　电路的概念

1. 电路的组成

电路是指电流的通路，即把电工或电子元器件按照需要的方式用导线连接起来组成的电流的回路。一个电路能够完成一个或数个特定的功能，比如手电筒电路完成照明功能，手机电路完成通话、存储电话号码、收发短信等功能。

电路由电源、负载及中间环节组成。

电源：为电路提供电能的器（部）件，如电池、发电机等。

负载：消耗电能并将它转换成所需的光能、热能、机械能等能量的装置，如灯泡、电热丝、电动机等。

中间环节：连接电源、负载的中间部分，起连接负载和电源的作用，实现一个通路，或者控制电路开始或停止工作的装置。

2. 电路的作用

电路主要有两个作用：传递能量、传递信号。

传递能量：典型的例子是电力系统中的输配电线路及用户负载构成的系统。这个系统先由发电机将其他形式的能量转换为电能，再经过升压变压器、输电线路传输，到达用户点之后通过降压变压器降压给负载供电，如图1-1所示。

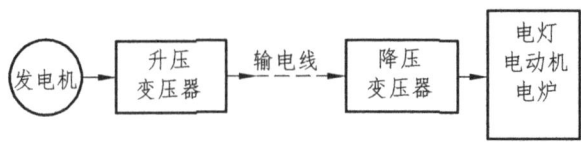

图 1-1　传递能量电路

传递信号：典型的例子有电话、扩音器、收音机等。该电路将输入的信号处理后，经过放大器送到负载，负载将电信号转换为声音、图像等，如图 1-2 所示。

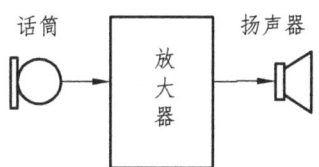

图 1-2 传递信号电路

1.1.2 电路模型

通常描述电路时，用符号表示器件画出的电路图比使用元器件画出的实物图看起来更简单方便。常见元器件图形符号如表 1-1 所示。

表 1-1 常用电路元件符号

名称	符号	名称	符号	名称	符号
电阻器	─▭─	开关	⸝	电容器	─╂╂─
电感器	⌒⌒⌒	灯泡	⊗	电池	╤
电流源	⊖	电压源	⊕	接地	⏊

使用元器件符号表示元器件且按一定方式连在一起的图称为电路原理图。图 1-4 所示为手电筒的电路原理图。

任何学术研究发展到理论层次，几乎都需要对研究对象进行抽象处理，提炼出理论原则或模型。因此，抽象是理论思维的重要过程和形态，具有重要的学术意义和价值。简明的抽象理论原则往往能指导复杂的具体实践。诸如牛顿定律之于经典物理、电路分析之于信息技术、碱基配对原则之于基因工程、阮冈纳赞五原则之于图书馆学。

一个实际的电路元件，即使是最简单的电路元件，其物理特性也十分复杂，若把这些物理过程用数学表达式表示出来，将使分析过程十分复杂，甚至无法进行。为了简化分析过程，我们必须抓住主要性质，忽略次要性质，把一个元器件的性能用一个简单的数学表达式来表示。

经过简化处理的元器件称为理想元器件，如理想电阻元件是只保留其限制电流的性质而抽象出来的，理想电容元件是只保留其储存电能的性质而抽象出来的，理想电感元件是只保留其存储磁场的性质而抽象出来的。实际的导线不但有电阻，还有电感和电容。在理想情况下，可以把导线看成一个既无电容又无电感且电阻等于零的理想导线。理想电源只是保留其储存电荷并输出电能的性能而忽略其输出、输入电阻的性质抽象出来的。

由理想元器件和理想导线组成的电路称为理想电路或理想电路模型。为简单起见，把电路理论中所谓的由各种理想元器件组成的理想电路或理想电路模型都省略"理想"二字，通称电路或电路模型。

电路理论不是指研究由实际的电路元器件和实际的导线组成的电路的理论，而是指研究由理想元器件构成的电路模型的理论。

图 1-3、图 1-4 为实际手电筒到电路模型的转化过程。

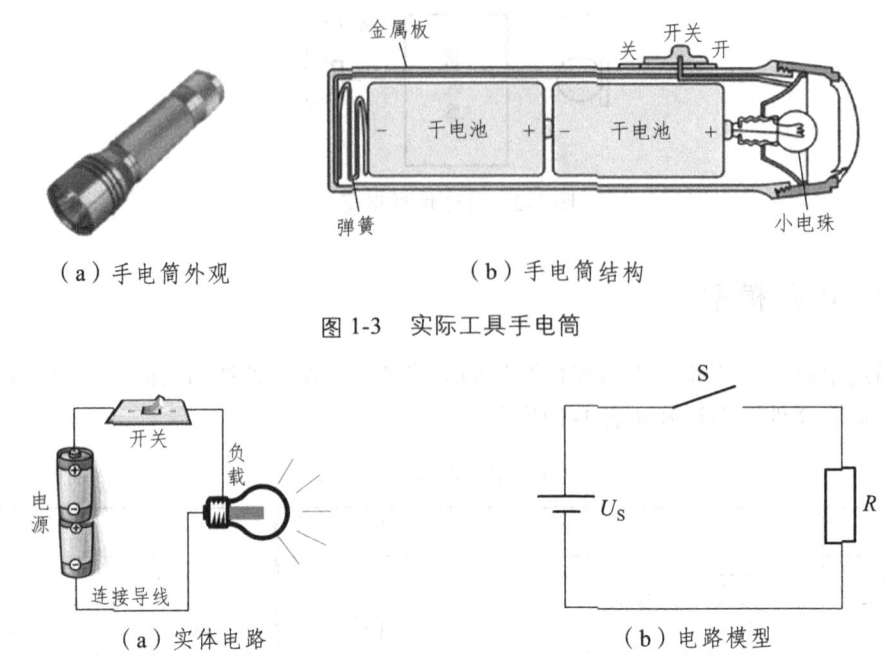

（a）手电筒外观　　　　（b）手电筒结构

图 1-3　实际工具手电筒

（a）实体电路　　　　（b）电路模型

图 1-4　手电筒的实体电路与电路模型

需要注意的是，实际电路元件的电特性是多元的、复杂的。理想电路元件的电特性是精确的、唯一的。

1.2　电流、电压及其参考方向

电路中的变量是电流和电压。无论是电能的传输和转换，还是信号的传递和处理，都是这两个量变化的结果，因此，弄清电流与电压及其参考方向，对进一步掌握电路的分析与计算是十分重要的。

1.2.1　电流及其参考方向

1. 电流

电荷的定向移动形成电流。电流的大小用电流强度来衡量，电流强度也简称为电流。其定义为：单位时间内通过导体横截面的电荷量，用公式表示为

$$i = \frac{\mathrm{d}q}{\mathrm{d}t} \tag{1-1}$$

其中，i 表示随时间变化的电流，$\mathrm{d}q$ 表示在 $\mathrm{d}t$ 时间内通过导体横截面的电量。

在国际制单位中，电流的单位为安培，简称安，符号为 A。实际应用中，大电流用千安培（kA）表示，小电流用毫安培（mA）或者微安培（μA）表示。它们的换算关系是：

$$1\,\text{kA} = 10^3\,\text{A} = 10^6\,\text{mA} = 10^9\,\mu\text{A}$$

在外电场的作用下，正电荷将沿着电场方向运动，而负电荷将逆着电场方向运动（金属导体内是自由电子在电场力的作用下定向移动形成电流）。习惯上规定：正电荷运动的方向为电流的正方向。

电流有交流和直流之分：大小和方向都随时间变化的电流称为交流电流；方向不随时间变化的电流称为直流电流；大小和方向都不随时间变化的电流称为稳恒直流。

2. 电流的参考方向

简单电路中，电流从电源正极流出，经过负载，回到电源负极。在分析复杂电路时，一般难于判断出电流的实际方向，而列方程进行定量计算时需要对电流有一个约定的方向，而对于交流电流，电流的方向随时间改变，无法用一个固定的方向表示，因此引入电流的"参考方向"。

参考方向可以任意设定，如用一个箭头表示某电流的假定正方向，就称之为该电流的参考方向。当电流的实际方向与参考方向一致时，电流的数值就为正值（即 $i>0$），如图 1-5（a）所示；当电流的实际方向与参考方向相反时，电流的数值就为负值（即 $i<0$），如图 1-5（b）所示。需要注意的是，未规定电流的参考方向时，电流的正负没有任何意义，如图 1-5（c）所示。

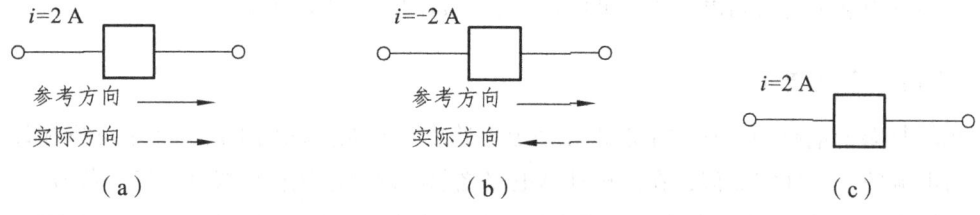

图 1-5　电流及其参考方向

1.2.2　电压及其参考方向

1. 电压

如图 1-6 所示的闭合电路，在电场力的作用下，正电荷要从电源正极 a 经过导线和负载流向负极 b（实际上是带负电的电子由负极 b 经负载流向正极 a），形成电流，而电场力就对电荷做了功。

电场力把单位正电荷从 a 点经外电路（电源以外的电路）移送到 b 点所做的功，叫作 a、b 两点之间的电压，记作 U_{ab}。因此，电压是衡量电场力做功本领大小的物理量。

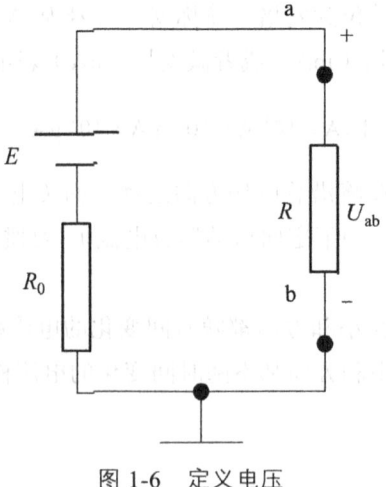

图 1-6 定义电压

若电场力将正电荷 dq 从 a 点经外电路移送到 b 点所做的功是 dw，则 a、b 两点间的电压为

$$U_{ab} = \frac{dw}{dq} \quad (1-2)$$

在国际制单位中，电压的单位为伏特，简称伏，符号为 V。实际应用中，大电压用千伏（kV）表示，小电压用毫伏（mV）表示或者用微伏（μV）表示。它们的换算关系是：

$$1\,kV = 10^3\,V = 10^6\,mV = 10^9\,\mu V$$

电压的方向规定为从高电位指向低电位，在电路图中可用箭头来表示。

2. 电压的参考方向

在比较复杂的电路中，往往不能事先知道电路中任意两点间的电压，为了分析和计算的方便，与电流的方向规定类似，在分析计算电路之前必须对电压标以极性（正、负号），或标以方向（箭头），这种标法是假定的参考方向，如图 1-7 所示。如果采用双下标标记时，电压的参考方向意味着从前一个下标指向后一个下标，图 1-7 元件两端电压记作 u_{ab}；若电压参考方向选 b 点指向 a 点，则应写成 u_{ba}，两者仅差一个负号，即 $u_{ab} = -u_{ba}$。

图 1-7 电压参考方向的表示方法

分析求解电路时，先按选定的电压参考方向进行分析、计算，再由计算结果中电压值的正负来判断电压的实际方向与任意选定的电压参考方向是否一致，即电压值为正，则实际方向与参考方向相同；电压值为负，则实际方向与参考方向相反。

1.2.3 电位的概念及其分析计算

为了分析问题方便，常在电路中指定一点作为参考点，假定该点的电位是零，用符号"⊥"表示，如图1-6所示。在生产实践中，把地球作为零电位点，凡是机壳接地的设备（接地符号是"⊥"），机壳电位即为零电位。有些设备或装置，机壳并不接地，而是把许多元件的公共点作为零电位点，用符号"⊥"表示。

电路中其他各点相对于参考点的电压即是各点的电位，因此，任意两点间的电压等于这两点的电位之差，我们可以用电位的高低来衡量电路中某点电场能量的大小。

电路中各点电位的高低是相对的，参考点不同，各点电位的高低也不同，但是电路中任意两点之间的电压与参考点的选择无关。电路中，凡是比参考点电位高的各点电位是正电位，比参考点电位低的各点电位是负电位。

【例1-1】 求图1-8中a点的电位。

图1-8 例1-1 电路图

解：对于图1-8（a）有

$$U_\mathrm{a} = -4 + \frac{30}{50+30} \times (12+4) = 2 (\mathrm{V})$$

对于图1-8（b），因20Ω电阻中电流为零，故

$$U_\mathrm{a} = 0$$

【例1-2】 电路如图1-9所示，求开关S断开和闭合时A、B两点的电位U_A、U_B。

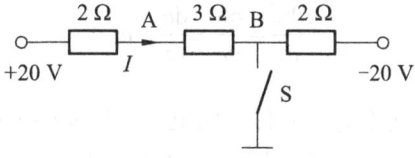

图1-9 例1-2 电路图

解：设电路中电流为I，如图所示。
开关S断开时：

$$I = \frac{20-(-20)}{2+3+2} = \frac{40}{7} (\mathrm{A})$$

因为

$$20 - U_\mathrm{A} = 2I$$

所以

$$U_\mathrm{A} = 20 - 2I = 20 - 2 \times \frac{40}{7} = \frac{60}{7} (\mathrm{V})$$

同理

$$U_B = 20 - (2+3)I = 20 - 5 \times \frac{40}{7} = -\frac{60}{7}(\text{V})$$

开关 S 闭合时：

$$I = \frac{20-0}{2+3} = 4\,(\text{A})$$

$$U_A = 3I = 3 \times 4 = 12\,(\text{V})$$

$$U_B = 0\,(\text{V})$$

1.3 电功率及电能的概念和计算

1.3.1 电功率

电流通过电路时传输或转换电能的速率，即单位时间内电场力所做的功，称为电功率，简称功率。数学描述为

$$p = \frac{\mathrm{d}w}{\mathrm{d}t} \tag{1-3}$$

其中，p 表示功率。国际单位制中，功率的单位是瓦特（W），规定元件 1 s 内提供或消耗 1 J 能量时的功率为 1 W。常用的功率单位还有千瓦（kW）。

将式（1-3）等号右边分子、分母同乘以 dq 后，变为

$$p = \frac{\mathrm{d}w}{\mathrm{d}t} = \frac{\mathrm{d}w}{\mathrm{d}q} \times \frac{\mathrm{d}q}{\mathrm{d}t} = ui \tag{1-4}$$

可见，元件吸收或发出的功率等于元件上的电压乘以元件上的电流。

为了便于识别与计算，对同一元件或同一段电路，往往把它们的电流和电压参考方向选为一致，这种情况称为关联参考方向，如图 1-10（a）所示。如果两者的参考方向相反则称为非关联参考方向，如图 1-10（b）所示。

（a）关联参考方向　　　　（b）非关联参考方向

图 1-10　电压与电流的方向

有了参考方向与关联的概念，则电功率计算式（1-4）就可以表示为以下两种形式：

当 u、i 为关联参考方向时：

$$p = ui（直流功率 P = UI）\quad (1\text{-}5a)$$

当 u、i 为非关联参考方向时：

$$p = -ui（直流功率 P = -UI）\quad (1\text{-}5b)$$

无论关联与否，只要计算结果 $p>0$，则该元件就是在吸收功率，即消耗功率，该元件是负载；若 $p<0$，则该元件是在发出功率，即产生功率，该元件是电源。

根据能量守恒定律，对一个完整的电路，发出功率的总和应正好等于吸收功率的总和。

【例 1-3】计算图 1-11 中各元件的功率，指出是吸收还是发出功率，并求整个电路的功率。已知电路为直流电路，$U_1=4$ V，$U_2=-8$ V，$U_3=6$ V，$I=2$ A。

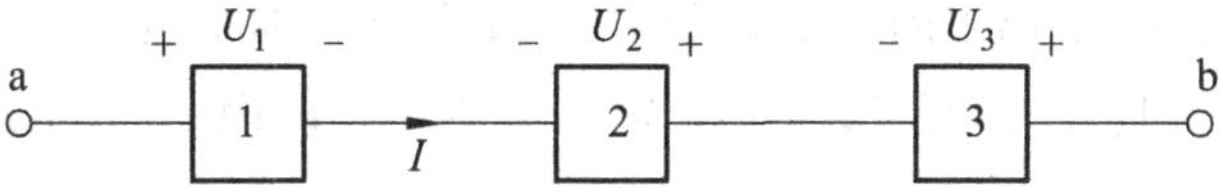

图 1-11 例 1-3 电路图

解：在图中，元件 1 电压与电流为关联参考方向，由式（1-5a）得

$$P_1 = U_1 I = 4 \times 2 = 8 \,(\text{W})$$

故元件 1 吸收功率。

元件 2 和元件 3 电压与电流为非关联参考方向，由式（1-5b）得

$$P_2 = -U_2 I = -(-8) \times 2 = 16 \,(\text{W})$$

$$P_3 = -U_3 I = -6 \times 2 = -12 \,(\text{W})$$

故元件 2 吸收功率，元件 3 发出功率。

整个电路功率为

$$P = P_1 + P_2 + P_3 = 8 + 16 - 12 = 12 \,(\text{W})$$

本例中，元件 1 和元件 2 的电压与电流实际方向相同，二者吸收功率；元件 3 的电压与电流实际方向相反，发出功率。由此可见，当压与电流实际方向相同时，电路一定是吸收功率，反之则是发出功率。实际电路中，电阻元件的电压与电流的实际方向总是一致的，说明电阻总在消耗能量；而电源则不然，其功率可能正也可能为负，这说明它可能作为电源提供电能，也可能被充电，吸收功率。

1.3.2 电能

电路在一段时间内消耗或提供的能量称为电能。根据式（1-4），电路元件在 t_0 到 t 时间内消耗或提供的能量为

$$W = \int_{t_0}^{t} p\,\mathrm{d}t \tag{1-6a}$$

直流时
$$W = P(t - t_0) \tag{1-6b}$$

在国际单位制中,电能的单位是焦耳(J)。1 J 等于 1 W 的用电设备在 1 s 内消耗的电能。通常电业部门用"度"作为单位测量用户消耗的电能,"度"是千瓦时(kW·h)的别称。1 度(或 1 千瓦时)电等于功率为 1 千瓦的元件在 1 小时内消耗的电能。即

$$1\ \text{度} = 1\ \text{kW·h} = 10^3 \times 3\,600\ \text{J} = 3.6 \times 10^6\ \text{J}$$

如果通过实际元件的电流过大,会由于温度升高使元件的绝缘材料损坏,甚至使导体熔化;如果电压过大,会使绝缘击穿,所以必须加以限制。

电气设备或元件长期正常运行的电流容许值称为额定电流,其长期正常运行的电压容许值称为额定电压;额定电压和额定电流的乘积为额定功率。通常电气设备或元件的额定值标在产品的铭牌上。如一白炽灯标有"220 V、40 W",表示它的额定电压为 220 V,额定功率为 40 W。

1.4 电阻、电感和电容元件

电阻元件、电感元件、电容元件都是理想的电路元件,它们均不发出电能,称为无源元件。它们有线性和非线性之分,线性元件的参数为常数,与所施加的电压和电流无关。本节主要分析讨论线性电阻、电感、电容元件的特性。

1.4.1 电阻元件

电阻是一种最常见的、用于反映电流热效应的二端电路元件。电阻元件可分为线性电阻和非线性电阻两类,如无特殊说明,本书所称电阻元件均指线性电阻元件。在实际交流电路中,像白炽灯、电阻炉、电烙铁等,均可看成是线性电阻元件。图 1-12(a)是线性电阻的符号,在电压、电流关联参考方向下,其端钮伏安关系为

$$u = Ri \tag{1-7a}$$

式中,R 为常数,用来表示电阻及其数值。

式(1-7a)表明,凡是服从欧姆定律的元件即是线性电阻元件。图 1-12(b)为它的伏安特性曲线。若电压、电流在非关联参考方向下,伏安关系应写成

$$u = -Ri \tag{1-7b}$$

在国际单位制中,电阻的单位是欧姆(Ω),规定当电阻电压为 1 V、电流为 1 A 时的电阻值为 1 Ω。此外电阻的单位还有千欧(kΩ)、兆欧(MΩ)。电阻的倒数称为电导,用符号 G 来表示,即

$$G = \frac{1}{R} \tag{1-8}$$

电导的单位是西门子（S），或 1/欧姆（1/Ω）。

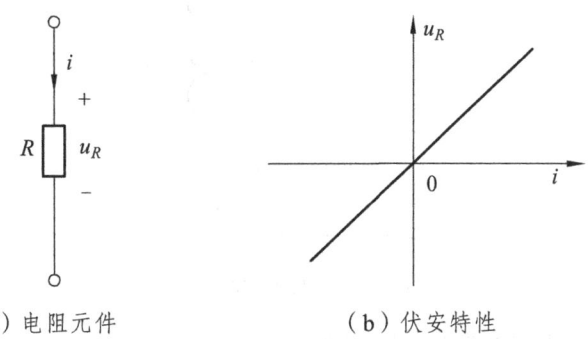

(a) 电阻元件　　　　(b) 伏安特性

图 1-12　电阻元件及其伏安特性曲线

电阻是一种耗能元件。当电阻通过电流时会发生电能转换为热能的过程。而热能向周围扩散后，不可能再直接回到电源而转换为电能。电阻所吸收并消耗的电功率可由式（1-5a）和式（1-7a）计算得到

$$p = ui = i^2 R = \frac{u^2}{R} \tag{1-9}$$

一般地，电路消耗或发出的电能可由下面公式计算：

$$W = \int_{t_0}^{t} ui \, dt \tag{1-10}$$

在直流电路中

$$P = UI = I^2 R = \frac{U^2}{R}$$

$$W = UI(t - t_0)$$

1.4.2　电感元件

电感元件是实际的电感线圈即电路元件内部所含电感效应的抽象，它能够存储和释放磁场能量。空心电感线圈常可抽象为线性电感，用图 1-13 所示的符号表示。
其中

$$u = -e_L = L \frac{di}{dt} \tag{1-11}$$

式（1-11）表明，电感元件上任一瞬间的电压大小，与这一瞬间电流对时间的变化率成正比。如果电感元件中通过的是直流电流，因电流的大小不变，即 $di/dt = 0$，那么电感上的电压就为零，所以电感元件对直流可视为短路。

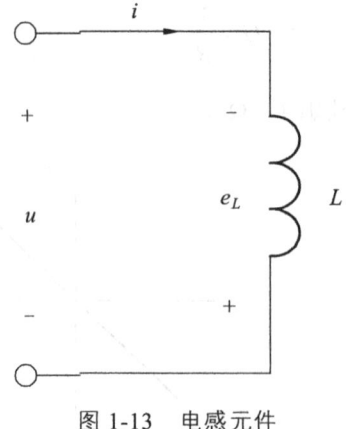

图 1-13 电感元件

在关联参考方向下,电感元件吸收的功率为

$$p = ui = Li\frac{di}{dt} \tag{1-12}$$

则电感线圈在($0 \sim t$)时间内,线圈中的电流由 0 变化到 I 时,吸收的能量为

$$W = \int_0^t p dt = \int_0^I Li di = \frac{1}{2}LI^2 \tag{1-13}$$

即电感元件在一段时间内储存的能量与其电流的平方成正比。当通过电感的电流增加时,电感元件就将电能转换为磁能并储存在磁场中;当通过电感的电流减小时,电感元件就将储存的磁能转换为电能释放给电源。所以,电感是一种储能元件,它以磁场能量的形式储能,同时电感元件也不会释放出多于它吸收或储存的能量,因此它也是一个无源的储能元件。

1.4.3 电容元件

电容器种类很多,但从结构上都可看成是由中间夹有绝缘材料的两块金属极板构成的。电容元件是实际的电容器即电路器件的电容效应的抽象,用于反映带电导体周围存在电场,能够储存和释放电场能量的理想化的电路元件。它的符号及规定的电压和电流参考方向,如图 1-14 所示。

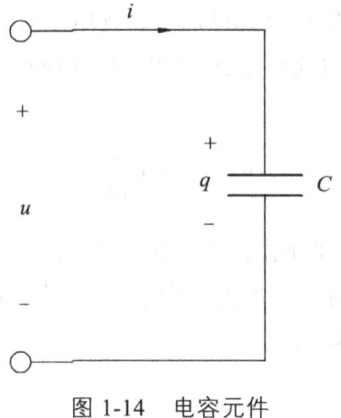

图 1-14 电容元件

当电容接上交流电压 u 时,电容器不断被充电、放电,极板上的电荷也随之变化,电路中出现了电荷的移动,形成电流 i。若 u、i 为关联参考方向,则有

$$i = \frac{dq}{dt} = C\frac{du}{dt} \quad (1\text{-}14)$$

式(1-14)表明,电容器的电流与电压对时间的变化率成正比。如果电容器两端加直流电压,因电压的大小不变,即 $du/dt=0$,那么电容器的电流就为零,所以电容元件对直流可视为断路,因此电容具有"隔直通交"的作用。

在关联参考方向下,电容元件吸收的功率为

$$p = ui = uC\frac{du}{dt} = Cu\frac{du}{dt} \quad (1\text{-}15)$$

则电容器在($0 \sim t$)时间内,其两端电压由 0 V 增大到 U 时,吸收的能量为

$$W = \int_0^t p\,dt = \int_0^U Cu\,du = \frac{1}{2}CU^2 \quad (1\text{-}16)$$

式(1-16)表明,对于同一个电容元件,当电场电压高时,它储存的能量就多;对于不同的电容元件,当充电电压一定时,电容量大的储存的能量多。从这个意义上说,电容 C 也是电容元件储能本领大小的标志。

当电压的绝对值增大时,电容元件吸收能量,并转换为电场能量;电压减小时,电容元件释放电场能量。电容元件本身不消耗能量,同时也不会放出多于它吸收或储存的能量,因此电容元件也是一种无源的储能元件。

1.5 独立电源和受控电源

在组成电路的各种元件中,电源是提供电能或电信号的元件,常称为有源元件,如发电机、电池和集成运算放大器等。电源中,能够独立地向外电路提供电能的电源,称为独立电源,包括电压源和电流源;不能向外电路提供电能的电源称为非独立电源,又称为受控源。

1.5.1 独立电源

一个电源可用两种不同的电路模型表示。用电压形式表示的称为电压源;用电流形式表示的,称为电流源。

1. 电压源

理想电压源是实际电源的一种抽象。它的端钮电压总能保持某一恒定值或时间函数值,而与通过它们的电流无关,也称为恒压源。图 1-15(a)为理想电压源的一般电路符号,图 1-15

（b）是理想电池符号，专指理想直流电压源。理想电压源的伏安特性可写为

$$u = u_S(t) \tag{1-17}$$

理想电压源的电流是任意的，与电压源的负载（外电路）状态有关。图1-15（c）为理想电压源的伏安特性曲线。

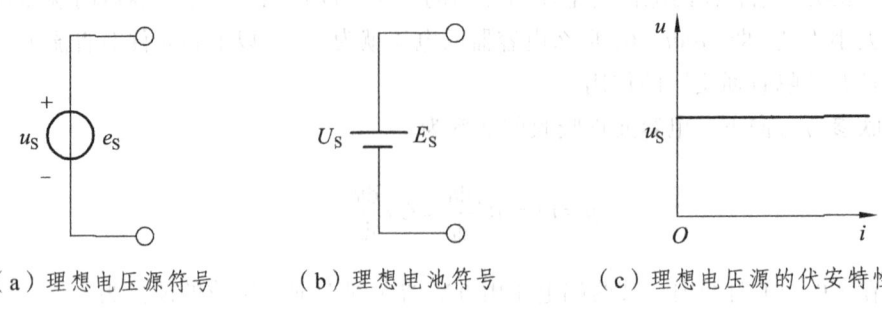

（a）理想电压源符号　　（b）理想电池符号　　（c）理想电压源的伏安特性

图1-15　理想电压源

实际的电源总是有内部消耗的，只是内部消耗通常都很小，因此可以用一个理想的电压源元件与一个阻值较小的电阻（内阻）串联组合来等效，如图1-16（a）虚线部分所示。

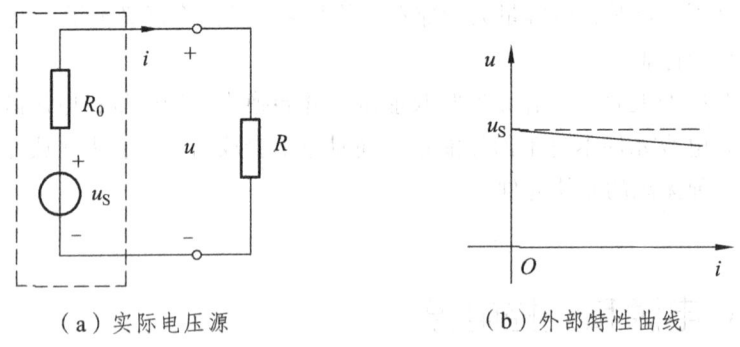

（a）实际电压源　　　　　　（b）外部特性曲线

图1-16　实际电压源模型及其外部特性曲线

电压源两端接上负载 R_L 后，负载上就有电流 i 和电压 u，分别称为输出电流和输出电压。在图1-16（a）中，电压源的外特性方程为

$$u = u_S - iR_0 \tag{1-18}$$

由此可画出电压源的外部特性曲线，如图1-15（b）的实线部分所示，它是一条具有一定斜率的直线段，因内阻很小，所以外特性曲线较平坦。

电压源不接外电路时，电流总等于零值，这种情况称为"电压源处于开路"。当 $u_S(t)=0$ 时，电压源的伏安特性曲线为 u-i 平面上的电流轴，输出电压等于零，这种情况称为"电压源处于短路"，实际中是不允许发生的。

2．电流源

理想电流源也是实际电源的一种抽象。它提供的电流总能保持恒定值或时间函数值，而

与它两端所加的电压无关,也称为恒流源。图 1-17(a)为理想电流源的一般电路符号。理想电流源的伏安特性可写为

$$i = i_S(t) \tag{1-19}$$

理想电流源两端所加电压是任意的,与电流源的负载(外电路)状态有关。图 1-17(b)为理想电流源的伏安特性曲线。

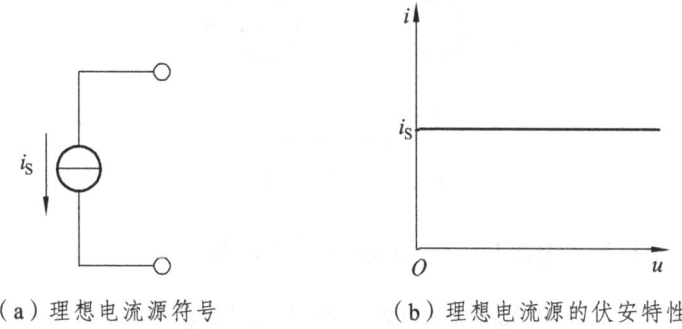

(a)理想电流源符号　　(b)理想电流源的伏安特性

图 1-17　理想电流源

实际的电源总是有内部消耗的,只是内部消耗通常都很小,因此可以用一个理想的电流源元件与一个阻值很大的电阻(内阻)并联组合来等效,如图 1-18(a)虚线部分所示。

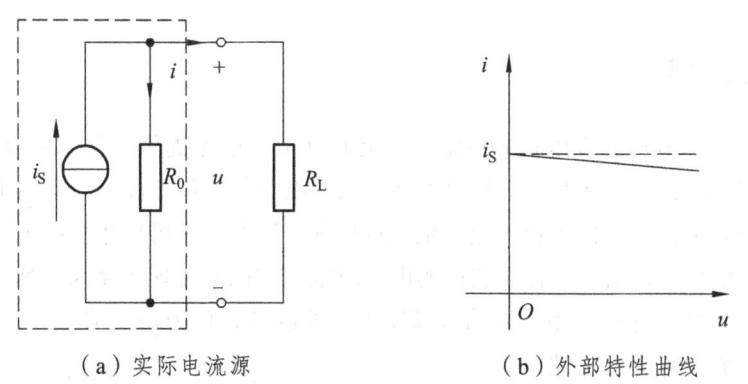

(a)实际电流源　　(b)外部特性曲线

图 1-18　实际电流源模型及其外部特性曲线

电压流两端接上负载 R_L 后,负载上就有电流 i 和电压 u,分别称为输出电流和输出电压。在图 1-18(a)中,电压源的外特性方程为

$$i = i_S - \frac{u}{R_0} \tag{1-20}$$

由此可画出电流源的外部特性曲线,如图 1-18(b)的实线部分所示,它是一条具有一定斜率的直线段,因内阻很大,所以外特性曲线较平坦。

电流源两端短路时,端电压等于零值,$i(t) = i_S(t)$,即电流源的电流为短路电流。当 $i_S(t) = 0$ 时,电流源的伏安特性曲线为 u-i 平面上的电压轴,相当于"电流源处于开路",实际中"电流源开路"是没有意义的,也是不允许的。

一个实际电源在电路分析中，可以用电压源与电阻串联电路或电流源与电阻并联电路的模型表示，采用哪一种计算模型，依计算繁简程度而定。

【例 1-4】 计算图 1-19 中各电源的功率。

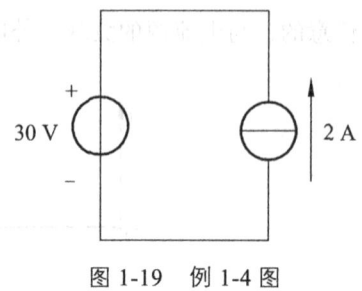

图 1-19　例 1-4 图

解：对 30 V 的电压源，电压与电流实际方向关联，则

$$P_{U_s} = 30 \times 2 = 60\,(\text{W})\quad（恒压源吸收功率）$$

对 2 A 的电流源，电压与电流实际方向非关联，则

$$P_{I_s} = -(30 \times 2) = -60\,(\text{W})\quad（恒流源释放功率）$$

1.5.2　受控电源

上一节中提到的电源如发电机和电池，因能独立地为电路提供能量，所以被称为独立电源。而有些电路元件，如晶体管、运算放大器、集成电路等，虽不能独立地为电路提供能量，但在其他信号控制下仍然可以提供一定的电压或电流，这类元件可以用受控电源模型来模拟。受控电源的输出电压或电流，与控制它们的电压或电流之间有正比关系时，称为线性受控源。受控电源是一个二端口元件，由一对输入端钮施加控制量，称为输入端口；一对输出端钮对外提供电压或电流，称为输出端口。

按照受控变量的不同，受控电源可分为四类：电压控制的电压源（VCVS）、电压控制的电流源（VCCS）和电流控制的电压源（CCVS）、电流控制的电流源（CCCS）。

为区别于独立电源，用菱形符号表示其电源部分，以 u、i 表示控制电压、控制电流，则四种电源的电路符号如图 1-20 所示。

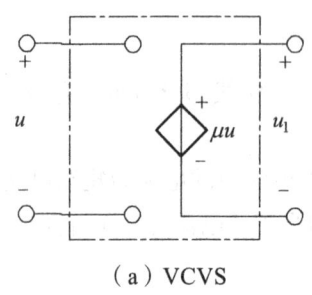
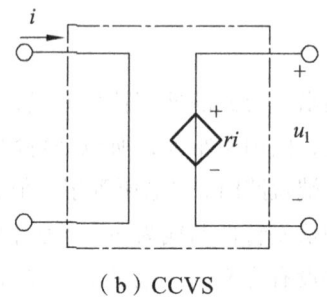

（a）VCVS　　　　　　　　　　　（b）CCVS

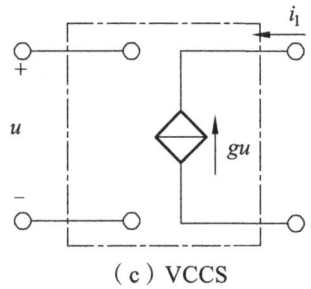 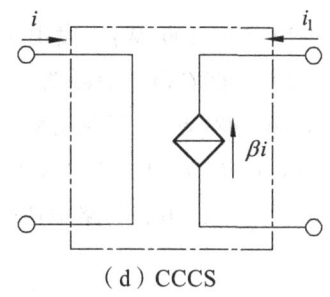

（c）VCCS　　　　　　　　　　　（d）CCCS

图 1-20　理想受控电源模型

四种受控源的端钮伏安关系，即控制关系为

$$\left.\begin{array}{ll}\text{VCVS:} & u_1 = \mu u \\ \text{CCVS:} & u_1 = ri \\ \text{VCCS:} & i_1 = gu \\ \text{CCCS:} & i_1 = \beta i\end{array}\right\} \quad (1\text{-}21)$$

式中，μ、r、g、β 分别表示有关的控制系数，且均为常数，其中 μ、β 是没有量纲的纯数，r 具有电阻量纲，g 具有电导量纲。

受控电压源输出的电压及受控电流源输出的电流，在控制系数、控制电压和控制电流不变的情况下，都是恒定的或是一定的时间函数。

注意：判断电路中受控电源的类型时，应看它的符号形式，而不应以它的控制量作为判断依据。图 1-21 所示电路中，由符号形式可知，电路中的受控电源为电流控制电压源，大小为 $10I$，其单位为伏特而非安培。

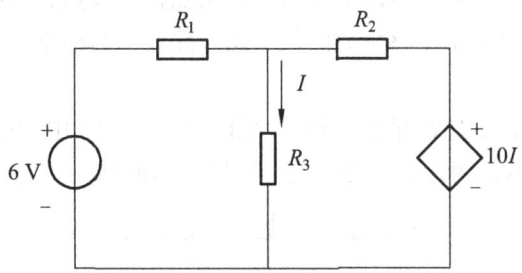

图 1-21　含有受控源的电路

【例 1-5】图 1-22 电路中 $I = 5\text{ A}$，求各个元件的功率并判断电路中的功率是否平衡。

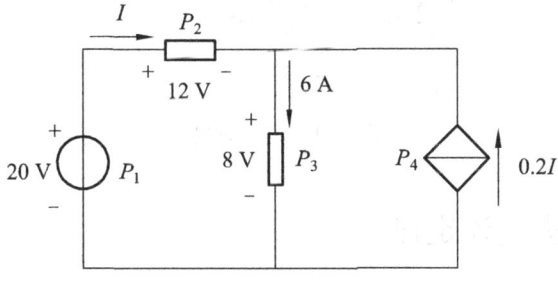

图 1-22　例 1-5 电路图

解：$P_1 = -20 \times 5 = -100\,(\text{W})$，发出功率；

$P_2 = 12 \times 5 = 60\,(\text{W})$，消耗功率；

$P_3 = 8 \times 6 = 48\,(\text{W})$，消耗功率；

$P_4 = -8 \times 0.2I = 8 \times 0.2 \times 5 = -8\,(\text{W})$，发出功率；

$P_1 + P_4 + P_2 + P_3 = 0$，电路中功率平衡。

1.6 基尔霍夫基本定律

在电路分析计算中，其依据来源于两种电路规律：一种是各类理想电路元件的伏安特性，这一点只取决于元件本身的电磁性质，即各元件的伏安关系，与电路连接状况无关；另一种是与电路的结构及连接状况有关的定律，而与组成电路的元件性质无关。基尔霍夫定律就是表达电压、电流在结构方面的规律和关系的。

1.6.1 常用电路术语

基尔霍夫定律是与电路结构有关的定律，在研究基尔霍夫定律之前，先介绍几个有关的常用电路术语。

（1）支路：任意两个节点之间无分叉的分支电路称为支路，如图1-23中的bafe支路、be支路、bcde支路。

（2）节点：电路中，三条或三条以上支路的汇交点称为节点，如图1-23中的b点、e点。

（3）回路：电路中由若干条支路构成的任一闭合路径称为回路，如图1-23中abefa回路、bcdeb回路、abcdefa回路。

（4）网孔：不包围任何支路的单孔回路称网孔，如图1-23中abefa回路和bcdeb回路都是网孔，而abcdefa回路不是网孔。网孔一定是回路，而回路不一定是网孔。

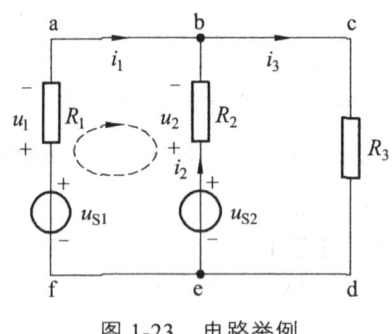

图1-23 电路举例

1.6.2 基尔霍夫电流定律

基尔霍夫电流定律（KCL）是用来反映电路中任意节点上各支路电流之间关系的。其内

容为：对于任何电路中的任意节点，在任意时刻，流过该节点的电流之和恒等于零。其数学表达式为

$$\sum i = 0 \tag{1-22}$$

如果选定电流流出节点为正，流入节点为负，如图 1-23 的 b 节点，有

$$-i_1 - i_2 + i_3 = 0$$

将上式变换得

$$i_1 + i_2 = i_3$$

所以，基尔霍夫电流定律还可以表述为：对于电路中的任意节点，在任意时刻，流入该节点的电流总和等于从该节点流出的电流总和。即

$$\sum i_I = \sum i_O \tag{1-23}$$

KCL 不仅适用于电路中的任一节点，也可推广应用于广义节点，即包围部分电路的任一闭合面。可以证明流入或流出任一闭合面电流的代数和为 0。

图 1-24 中，对于虚线所包围的闭合面，可以证明有如下关系：

$$I_a - I_b + I_c = 0$$

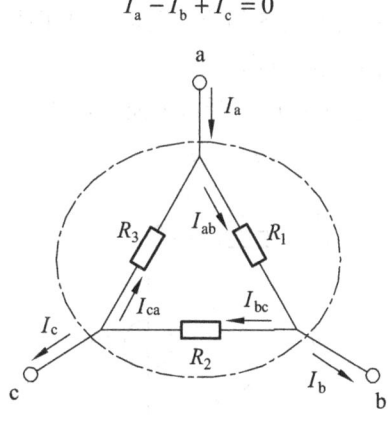

图 1-24 广义节点

基尔霍夫电流定律是电路中连接到任一节点的各支路电流必须遵守的约束，而与各支路上的元件性质无关。这一定律对于任何电路都普遍适用。

1.6.3 基尔霍夫电压定律

基尔霍夫电压定律（KVL）是反映电路中各支路电压之间关系的定律。可表述为：对于任何电路中任一回路，在任一时刻，沿着一定的循行方向（顺时针方向或逆时针方向）绕行一周，各段电压的代数和恒为零。其数学表达式为

$$\sum u = 0 \tag{1-24}$$

如图 1-23 所示闭合回路中，沿 abefa 顺序绕行一周，则有

$$-u_{S1} + u_1 - u_2 + u_{S2} = 0$$

式中，u_{S1}之前之所以加负号，是因为按规定的循行方向，由电源负极到正极，属于电位升；u_2的参考方向与i_2相同，与循行方向相反，所以也是电位升。u_1和u_{S2}与循行方向相同，是电位降。当然，各电压本身还存在数值的正负问题，这是需要注意的。

由于$u_1=R_1i_1$和$u_2=R_2i_2$，代入上式有

$$-u_{S1} + R_1i_1 - R_2i_2 + u_{S2} = 0$$

或

$$R_1i_1 - R_2i_2 = u_{S1} - u_{S2}$$

这时，基尔霍夫电压定律可表述为：对于电路中任一回路，在任一时刻，沿着一定的循行方向（顺时针方向或逆时针方向）绕行一周，电阻元件上电压降之和恒等于电源电压升之和。其表达式为

$$\sum Ri = \sum u_S \tag{1-25}$$

按式（1-25）列回路电压平衡方程式时，当绕行方向与电流方向一致时，则该电阻上的电压取"+"，否则取"−"；当从电源负极循行到正极时，该电源参数取"+"，否则取"−"。

注意应用 KVL 时，首先要标出电路各部分的电流、电压或电动势的参考方向。列电压方程时，一般约定电阻的电流方向和电压方向一致。

KVL 不仅适用于闭合电路，也可推广到开口电路。图 1-25 中，有

$$U = 2I + 4$$

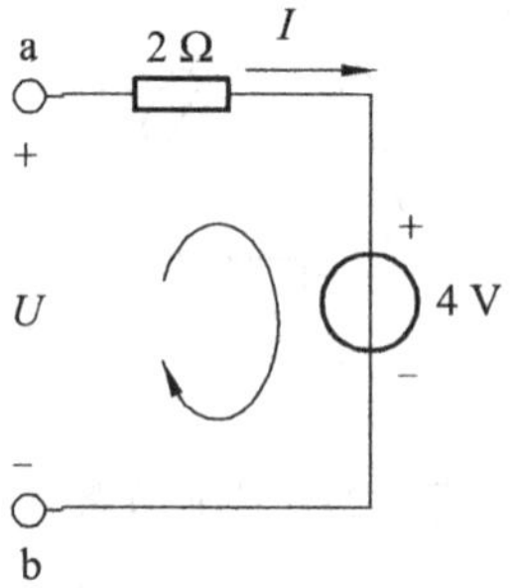

图 1-25 开口电路

【**例 1-6**】在图 1-26 中 $I_1=3$ mA，$I_2=1$ mA。试确定电路元件 3 中的电流 I_3 和其两端电压 U_{ab}，并说明它是电源还是负载。

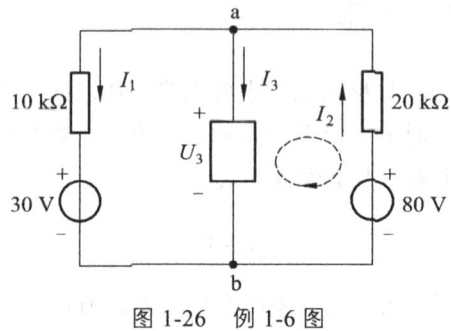

图 1-26 例 1-6 图

解：根据 KCL，对于节点 a 有

$$I_1 - I_2 + I_3 = 0$$

代入数值得

$$(3-1) + I_3 = 0$$

$$I_3 = -2 \text{ mA}$$

根据 KVL 和图 1-26 右侧网孔所示绕行方向，可列写回路的电压平衡方程式为

$$-U_{ab} - 20I_2 + 80 = 0$$

代入 $I_2=1$ mA 数值，得

$$U_{ab} = 60 \text{ V}$$

显然，元件 3 两端电压和流过它的电流实际方向相反，是产生功率的元件，即是电源。

课后练习

1-1 在指定的电压 u 和电流 i 的参考方向下，写出下述各元件的 u-i 关系：
（1）$R = 10$ kΩ（u、i 为关联参考方向）；
（2）$L = 20$ mH（u、i 为非关联参考方向）；
（3）$C = 10$ μF（u、i 为关联参考方向）。

1-2 如图 1-27 所示，已知 $V_c=12$ V，$V_d=6$ V，$R_1=9$ kΩ，$R_2=3$ kΩ，$R_3=2$ kΩ，$R_4=4$ kΩ，求 U_{ab}。

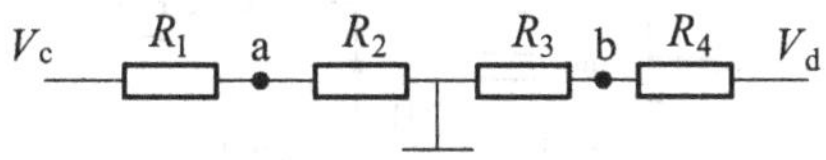

图 1-27 题 1-2 图

1-3 求图 1-28 所示电路中，在开关 S 断开和闭合的两种情况下 A 点的电位。

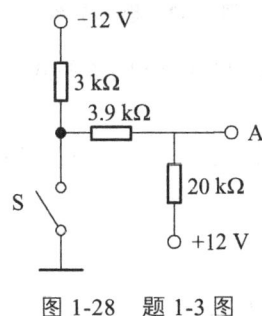

图 1-28 题 1-3 图

1-4 各元件的电压、电流和消耗功率如图 1-29 所示，试确定图中指出的未知量。

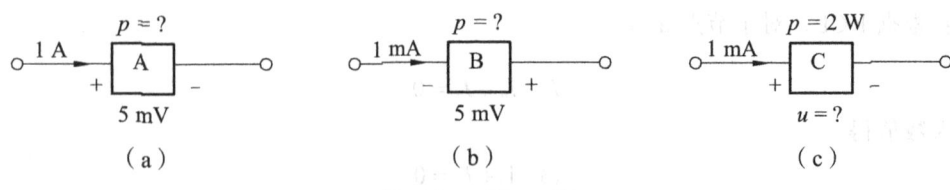

图 1-29 题 1-4 图

1-5 计算图 1-30 中电阻上的电压和两电源发出的功率。

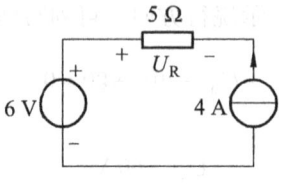

图 1-30 题 1-5 图

1-6 求图 1-31 所示电路中各独立电源吸收的功率。

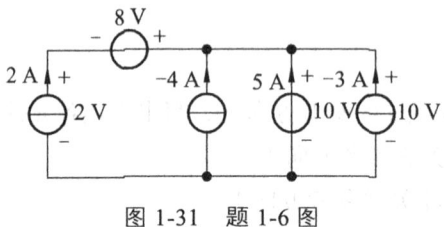

图 1-31 题 1-6 图

1-7 在图 1-32 中，已知 15 Ω 电阻上的电压降为 30 V，其极性如图所示，求 B 点电位及电阻 R 的值。

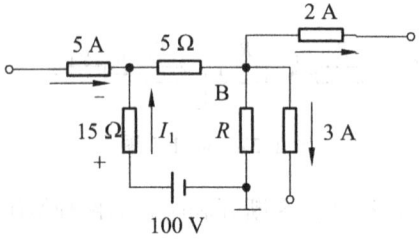

图 1-32 题 1-7 图

1-8 试写出图 1-33 所示电路中 u_{ab} 和电流 i 的关系式。

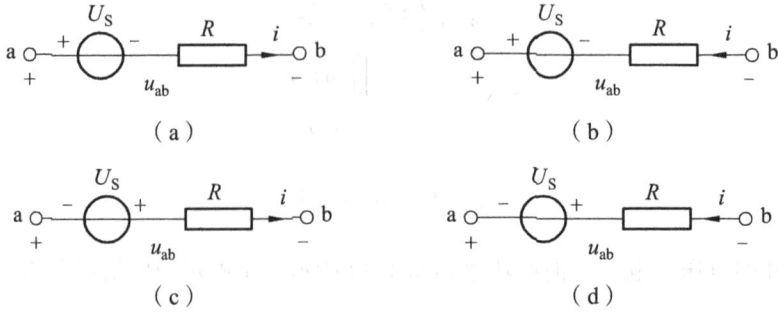

图 1-33 题 1-8 图

1-9 电路如图 1-34 所示，试求电流 i_1 和 u_{ab}。

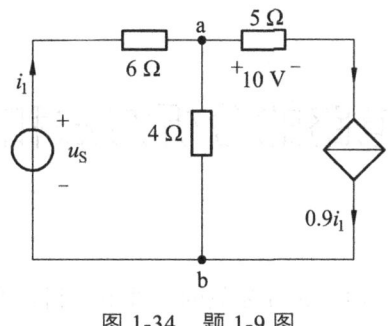

图 1-34 题 1-9 图

1-10 对图 1-35 所示电路，已知 $R=2\ \Omega$，$i_1=1\ \text{A}$，求电流 i。

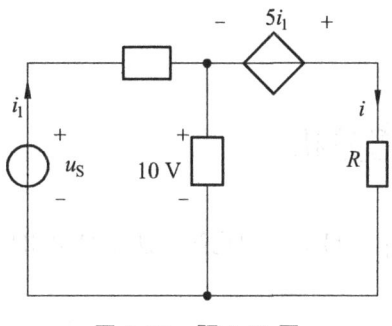

图 1-35 题 1-10 图

第 2 章　电路的分析方法和电路定理

电路分析是指在已知电路结构和元件参数的条件下,讨论激励和响应之间的关系。电路分析虽然可以用欧姆定律和基尔霍夫定律,但由于电路形式各异,在某些电路应用时有些美中不足。本章在介绍完基础的分析方法后,重点介绍一些重要定理,如叠加定理、戴维南定理以及诺顿定理等。

2.1　简单电阻电路分析

分析和计算复杂电路最简单、最常用的化简方法就是电阻串并联连接的等效分析法。

2.1.1　电阻的串联

如果电路中有两个或多个电阻按顺序依次连接,则称为串联(见图 2-1)。串联时,电路中各元件的电流相等。两个或多个串联电阻可用一个等效电阻来代替,等效电阻等于各个电阻之和,即

$$R = R_1 + R_2 + R_3 + \cdots + R_n$$

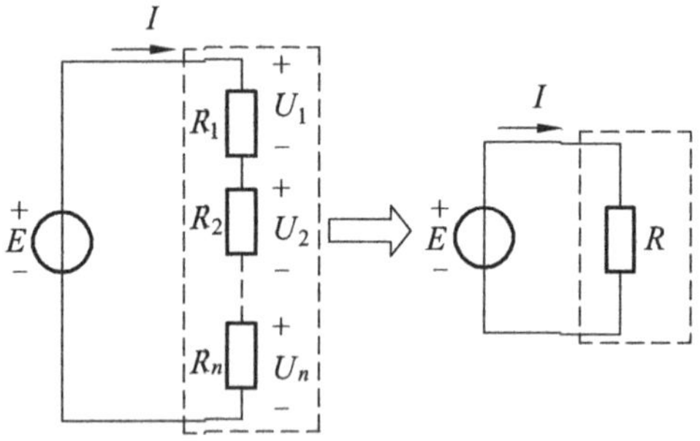

图 2-1　电阻串联

电阻串联在电路中最基本的作用就是分压作用,即

$$U_{Rn} = \frac{R_n}{\sum R_n} \cdot \sum E_n$$

可见任一串联电阻上的电压与其电阻值的大小成正比。

2.1.2 电阻的并联

若电路中有两个或两个以上的电阻连接在两公共点之间,称为并联(见图 2-2)。并联各支路两端的电压相等,总电流为各支路的电流之和。并联电阻可用一个等效电阻来代替,等效电阻的倒数为各并联支路电阻的倒数之和,即

$$\frac{1}{R} = \frac{1}{R_1} + \frac{1}{R_2} + \frac{1}{R_3} + \cdots + \frac{1}{R_n}$$

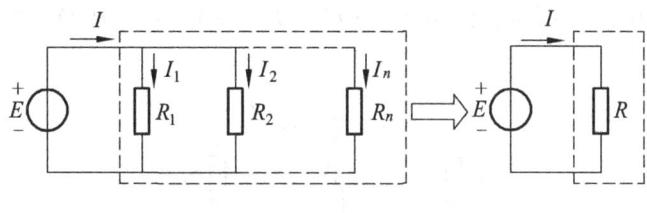

图 2-2 电阻并联

两条并联支路的电流分别为

$$I_1 = \frac{R_2}{R_1 + R_2} I$$

$$I_2 = \frac{R_1}{R_1 + R_2} I$$

上述两式为两个电阻元件的分流公式,较常使用。

【例 2-1】电路如图 2-3(a)所示,求 AB 两端的等效电阻 R。

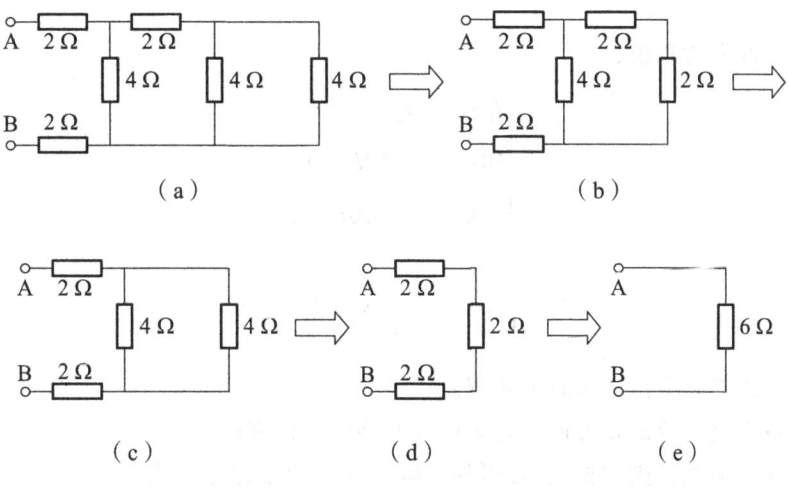

图 2-3 例 2-1 图

2.2 复杂电阻电路分析

2.2.1 支路电流分析法

支路电流分析法是直接以支路电流为电路变量，应用 KCL、KVL 和支路的伏安关系列出与支路数相等的独立方程，先解得支路电流，进而求得电路中的电压或电流。支路电流的求解规律可以通过以下例题来说明。

【例 2-2】电路如图 2-4 所示，已知 $E_1=10$ V，$E_2=10$ V，$R_1=10$ Ω，$R_2=10$ Ω，$R_3=10$ Ω。求各支路电流。

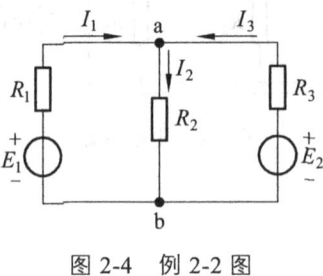

图 2-4　例 2-2 图

解：先假定各支路电流的参考方向如图所示，由 KCL 得

$$I_1 + I_3 = I_2$$

选定两个回路的巡行方向为顺时针，则由 KVL 得

$$I_2 R_2 - E_1 + I_1 R_1 = 0$$

$$-I_3 R_3 + E_2 - I_2 R_2 = 0$$

代入数据，联立方程组，

$$\begin{cases} I_1 + I_3 = I_2 \\ 10I_2 - 10 + 10I_1 = 0 \\ -10I_3 + 10 - 10I_2 = 0 \end{cases}$$

求得

$$I_1 = \frac{1}{3}\text{A}, \quad I_2 = \frac{2}{3}\text{A}, \quad I_3 = \frac{1}{3}\text{A}$$

综上所述，用支路电流法求解的步骤是：
（1）标出各支路电流的正方向，选定网孔回路的绕行方向；
（2）若有 n 个节点，则根据 KCL 可列出 $(n-1)$ 个节点电流方程式；
（3）若有 b 条支路则根据 KVL 可列出 $b-(n-1)$ 个独立的回路电压方程式；
（4）联立电压电流方程求解可得出各支路电流。

2.2.2 节点分析法

节点分析法指以节点电压为电路的独立变量来列写方程的方法。这里的节点电压是指各节点与参考点之间的电压，即各节点的电位。下面以例题来讨论节点分析法的求解规律。

【**例 2-3**】电路如图 2-5 所示，设 C 点为参考点，电路中各个量的参考方向如图所示，求 A、B 两点的电位 V_A、V_B。

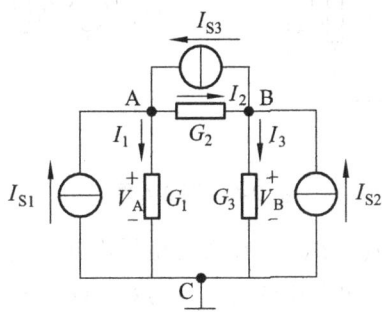

图 2-5 例 2-3 图

解：C 点为参考点，则电路的 KCL 方程为

节点 A： $\qquad I_1 + I_2 = I_{S1} + I_{S3}$

节点 B： $\qquad -I_2 + I_3 = I_{S2} - I_{S3}$

电路中各电导的伏安关系为

$$I_1 = G_1 V_A$$

$$I_2 = G_2(V_A - V_B)$$

$$I_3 = G_3 V_B$$

由以上三式代入节点 A 和节点 B 的方程得

$$(G_1 + G_2)V_A - G_2 V_B = I_{S1} + I_{S3}$$

$$-G_2 V_A + (G_2 + G_3)V_B = I_{S2} - I_{S3}$$

称为节点电压方程。对于以上两式可写成一般形式：

$$G_{11}V_A + G_{12}V_B = I_{S11}$$

$$G_{21}V_A + G_{22}V_B = I_{S22}$$

式中 $G_{11} = G_1 + G_2$，$G_{22} = G_2 + G_3$ 分别是连接节点 A 和节点 B 的所有电导之和，称为该节点的自电导，自电导总是取正。

$G_{12} = G_{21} = -G_2$ 是连接节点 A 和节点 B 之间的所有电导之和，称为两个节点的互电导，互电导总是取负。

$I_{S11} = I_{S1} + I_{S3}$，$I_{S22} = I_{S2} - I_{S3}$ 分别表示恒流源流入节点 A 和节点 B 的电流代数和，流入节

点的电流取正,流出的取负。

节点电位求出后,就能求出原电路中各支路的电流和电压。

【例 2-4】 求如图 2-6 所示的 A、B 两点电压 U_{AB}。

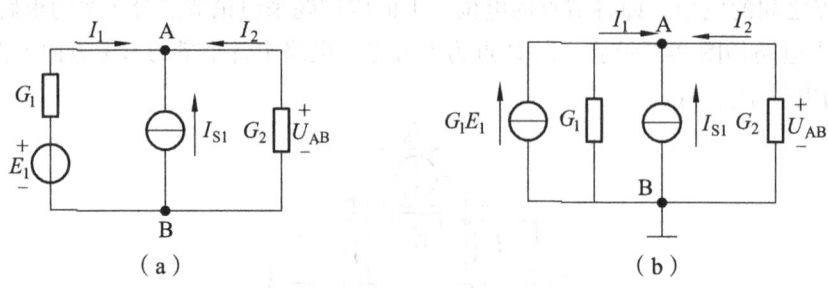

图 2-6 例 2-4 图

解: 设 B 点为参考点,则 $U_{AB}=V_A$。恒压源与电导串联的支路可以等效为恒流源与电导并联的支路,如图 2-6(b)所示。电路中的自电导为 G_1+G_2,且没有互电导,因此可列写节点 A 的方程为

$$(G_1+G_2)V_A = G_1E_1 + I_{S1}$$

整理该式得

$$V_A = \frac{G_1E_1+I_{S1}}{G_1+G_2} = \frac{\sum GE + \sum I_S}{\sum G}$$

写成一般形式可得

$$V_A = \frac{\sum GE + \sum I_S}{\sum G}$$

上式所列的关系称为弥尔曼定理。由图 2-6(a)可以看出该电路只有两个节点,应用节点电压法只需要列一个方程即可,这是节点电压法的一种特例。因此对于只有两个节点的电路,节点电压方程可以写为

$$V_A = \frac{\sum GE + \sum I_S}{\sum G} \text{ 或 } U_{AB} = \frac{\sum GE + \sum I_S}{\sum G}$$

其中,分母 $\sum G$ 为连接节点 A 的所有的电导的和,总取正。分子的各项取正、负与参考方向有关,若恒压源 E 的参考方向与节点电压 U_{AB} 的参考方向相同时取正,反之取负;恒流源 I_S 的参考方向与节点电压 U_{AB} 的参考方向相反时取正,反之取负;或者说电流源 I_S 的参考方向是流入节点 A 点取正,流出取负。

2.3 电压源与电流源的等效变换

2.3.1 电路等效变换的概念

在电路分析中经常利用"等效"来化简电路,即将多个元件组成的电路化简为只有少数几个元件组成的电路,从而使电路简化。一般来说两个电路只要端钮伏安特性相同,即外特

性相同,不管内部结构是否一样,均称为"等效"。如图 2-7 所示,现有两个二端网络 N_1、N_2,如果 N_1、N_2 的端钮伏安关系完全相同,则称 N_1 与 N_2 是相互等效的。在电路中可以将 N_1 用 N_2 代替,或将 N_2 用 N_1 代替,这就是利用等效电路的概念来化简电路。

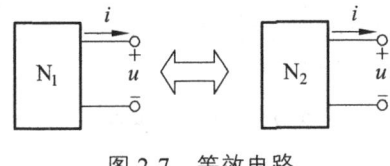

图 2-7 等效电路

2.3.2 电压源与电流源的等效变换

1. 理想电源的等效分析

(1) 恒压源的串、并联。

当数个恒压源串联时,可用一个恒压源等效代替如图 2-8 所示。等效恒压源的电动势的值等于各串联电动势的代数和,即

$$E = E_1 + E_2 + E_3 + \cdots = \sum_{i=1}^{n} E_i$$

式中与等效恒压源的电动势 E 的参考方向相同的各串联恒压源的电动势取正,相反的取负。

应该注意:当数个恒压源并联时,只有电动势相等的恒压源才允许并联。

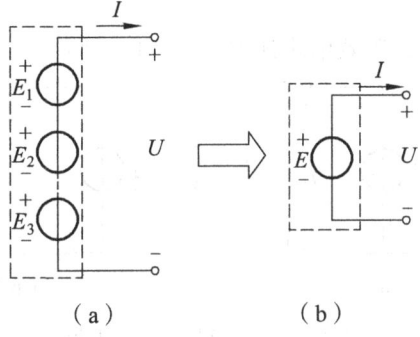

图 2-8 恒压源串联

(2) 恒流源的串、并联。

当数个恒流源并联时,可用一个恒流源等效代替如图 2-9 所示。等效恒流源的电流的值等于各并联电流的代数和,即

$$I_S = I_{S1} + I_{S2} + I_{S3} + \cdots = \sum_{i=1}^{n} I_{Si}$$

式中与等效恒流源的电流的参考方向相同的各串联恒流源的电流值取正,相反的应取负。

应该注意:当数个恒流源串联时,只有电流相等的恒流源才允许串联。

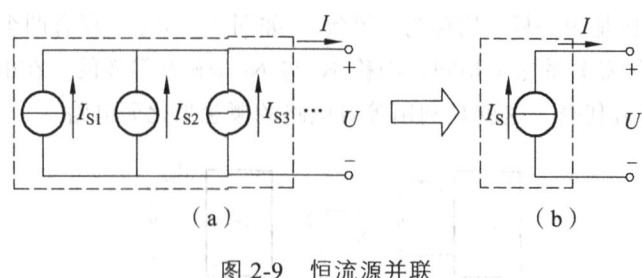

图 2-9　恒流源并联

（3）恒流源与恒压源的串、并联。

当恒压源与恒流源相串联时，则其等效电路如图 2-10（b）所示。

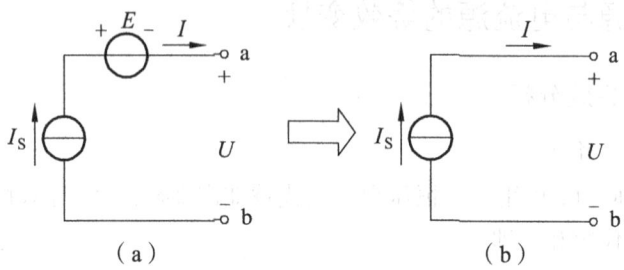

图 2-10　恒压源与恒流源串联

这是由于等效电路的含义是指端钮的伏安关系相同。对外电路来说，两个电路的电流都从 a 端流出，b 端流入。相同的电流必然在外电路产生相同的电压 U_{ab}，由于两个电路在 a、b 端钮的伏安关系相同，所以在分析与 ab 端钮相连接的外电路电特性时，可以用图 2-10（b）电路来取代图 2-10（a）电路。

当恒流源与恒压源并联时，等效电路如图 2-11（b）所示。

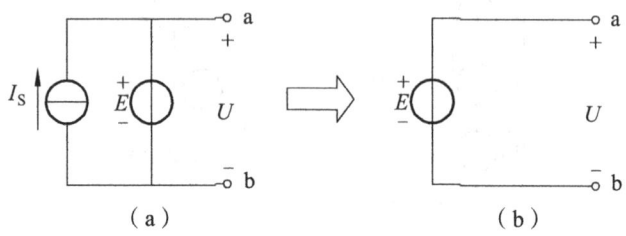

图 2-11　恒流源与恒压源并联

这是由于在 ab 端钮之间的电压在两电路中是相同的，当 ab 两端钮与外电路相连接时，会产生相同的电流，即端钮的伏安特性相同，所以两电路对于计算 ab 两端钮相连接的外电路中电量而言是等效的。

由图 2-10、图 2-11 可以看出与恒流源串联的元件（恒压源、电阻）可以视为一个多余元件，同样与恒压源并联的元件（恒流源、电阻）也可以视为一个多余元件，在等效电路时它们均以零值来代替。

2．实际电源的等效分析

实际的电源有电压源与电流源两种模型：电压源模型即恒压源和电阻串联的形式，电流源模型即恒流源和电阻并联的形式。不论是实际电压源还是实际电流源，它们都是二端网络，对于电源的外电路而言，这两种电源都有可能相互等效。也就是说，在负载输出电压和输出电流不变的条件下，实际电压源与实际电流源是可以相互等效的，如图 2-12 所示。

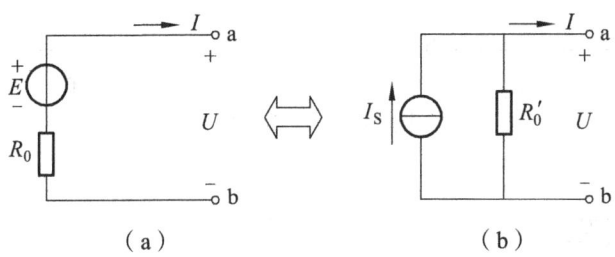

图 2-12　等效电路

由图 2-12（a）可知，其伏安关系为

$$U = E - IR_0$$

由图 2-12（b）可知，其伏安关系为

$$U = I_S R_0' - IR_0'$$

两者等效，系数相同，因此

$$R_0 = R_0', \quad E = R_0 I_S \text{ 或 } I_S = \frac{E}{R_0}$$

这样我们就可以把任何的一个恒压源与电阻串联的电路模型与一个恒流源与电阻并联的电路模型进行相互等效。但要注意：进行等效变换时，两种电源的极性要一致，即恒流源流出电流的一端与恒压源的正极性端相对应。

【例 2-5】求图 2-13（a）所示二端网络的恒压源形式的最简等效电路。

解：图 2-13（a）中的 4 V 恒压源 2 Ω 电阻的串联支路可等效为一个 4 V 恒压源如图（b）所示。电路等效化简过程如图（b）～（f）所示，最终化为一个 2 V 恒压源与 2 Ω 电阻相串联的二端网络。

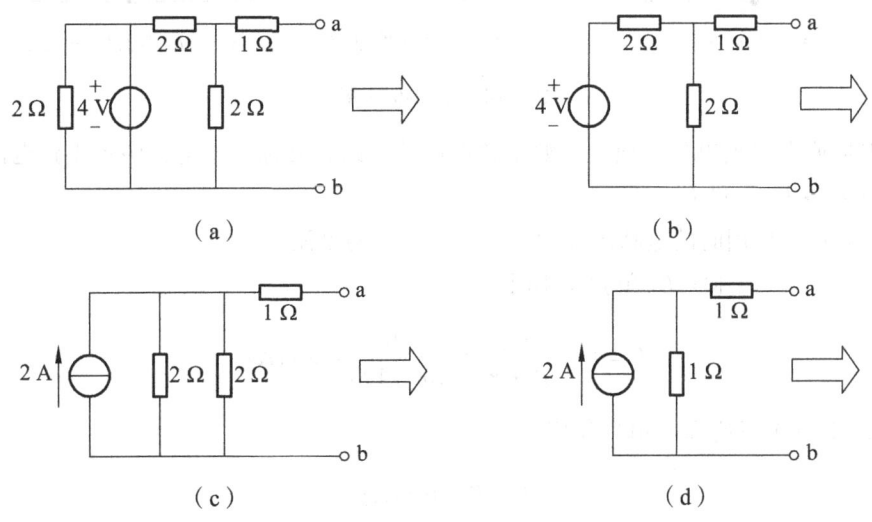

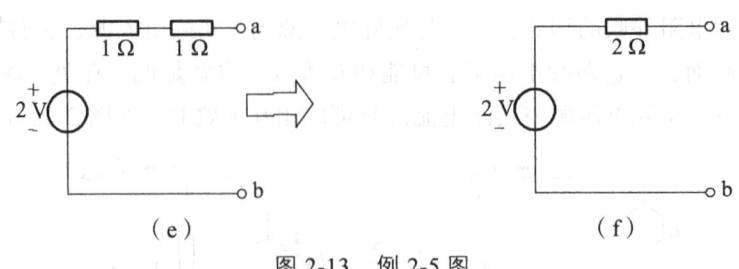

图 2-13　例 2-5 图

2.4　叠加原理

叠加原理是线性电路的一个重要定理，它反映了线性电路的一个基本性质：叠加性。应用叠加原理可以使某些电路的分析计算大为简化。

所谓叠加原理，就是当线性电路中有几个电源共同作用时，各支路的电流或电压等于电路中各电源单独作用时，在该支路产生的电流或电压的代数和。叠加原理也称独立作用原理。

所谓单独作用，是指除该电源外其他各电源都不作用于电路（除源）。对不作用于电路的电源的处理办法是：恒压源予以短路，恒流源予以开路。对实际电源的内阻应保留。

叠加（求代数和）时以原电路的电流（或电压）的参考方向为准，若各个独立电源分别单独作用时的电流（或电压）的参考方向与原电路的电流（或电压）的参考方向一致则取正号，相反则取负号。

【例 2-6】图 2-14（a）所示电路中，已知 $R_1 = 100\,\Omega$，$R_2 = 100\,\Omega$，$U_S = 20\,\text{V}$，$I_S = 1\,\text{A}$。试用叠加原理求支路电流 I_1 和 I_2。

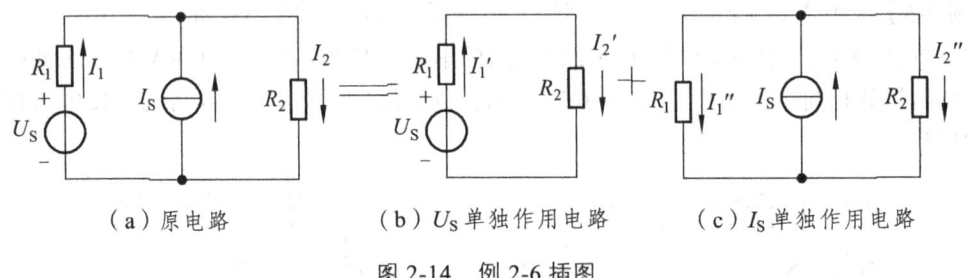

（a）原电路　　　（b）U_S 单独作用电路　　　（c）I_S 单独作用电路

图 2-14　例 2-6 插图

解： 根据原电路画出各个独立电源单独作用的电路，并标出各电路中各支路电流的参考方向，如图 2-14（b）和（c）。

按各电源单独作用时的电路图分别求出每条支路的电流值。

由图 2-14（b）恒压源 U_S 单独作用时

$$I_1' = I_2' = \frac{U_S}{R_1 + R_2} = \frac{20}{100+100} = 0.1\,(\text{A})$$

由图 2-14（c）恒流源 I_S 单独作用时

$$I_1'' = I_2'' = 0.5\,(\text{A})$$

根据电路中电流的参考方向，一致取正，相反取负的原则，求出各独立电源在支路中单作用时电流（或电压）的代数和。

$$I_1 = I_1' - I_1'' = 0.1 - 0.5 = -0.4 \text{(A)}$$

$$I_2 = I_2' + I_2'' = 0.1 + 0.5 = 0.6 \text{(A)}$$

I_1 为负说明其实际方向与参考方向相反。

叠加原理是分析线性电路的基础，应用叠加原理应注意只适用于线性电路中电流和电压的计算，不能用来计算功率，因为电功率与电流和电压是平方关系而非线性关系。

2.5　等效电源定理

等效电源定理包括戴维南定理和诺顿定理，它是分析计算复杂线性电路的一种有力工具。当只需计算复杂电路中某一支路的电流时，应用等效电源定理来求解最为简便。等效电源定理的应用涉及二端网络概念。所谓二端网络是指任何具有一对端钮的电路，二端网络又称一端口网络。若网络内含有电源，称为有源二端网络，用 N_A 表示；若网络内不含有电源，称为无源二端网络，用 N_P 表示。

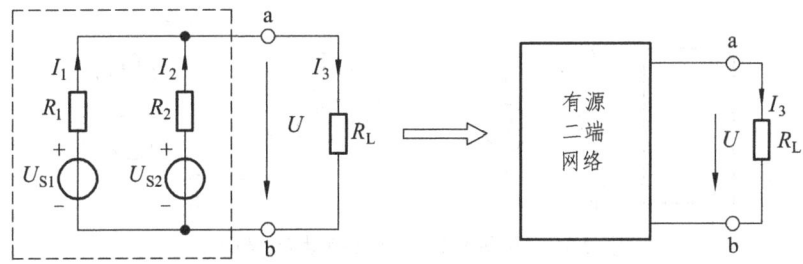

图 2-15　有源二端网络

图 2-15（a）电路的虚线部分就是一个有源二端网络。按照"等效"的含义，可以推想到，完全有可能找到这样一个等效电源，用它来代替原来的有源二端网络后，并不改变其端口电压 U 以及流出（或流入）引出端钮的电流。

等效电源可分等效电压源和等效电流源。用电压源来等效代替有源二端网络的分析方法称戴维南定理；用电流源来代替有源二端网络的分析方法称诺顿定理。

2.5.1　戴维南定理

戴维南定理表述为：任何一个线性有源二端网络，对外电路来说，总可以用一个恒压源 U_0 与电阻 R_0 串联的电压源来代替。电压源的 U_0 等于该有源二端网络端口的开路电压 U_{oc}，其电阻 R_0 等于该有源二端网络中所有独立电源除源（恒压源短路，恒流源开路）后所得到的无源二端网络两端之间的等效电阻。

戴维南定理内容可以用图 2-16 表示。为了简化，将外电路用一负载电阻表示。外电路可以是线性或非线性有源或无源网络。

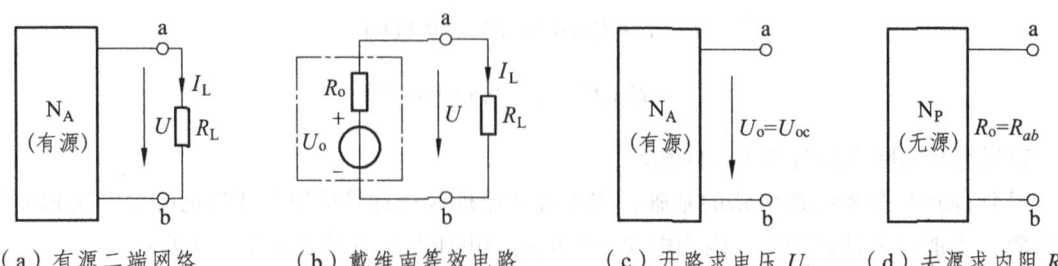

（a）有源二端网络　　（b）戴维南等效电路　　（c）开路求电压 U_o　　（d）去源求内阻 R_o

图 2-16　戴维南定理的图解表示

值得注意，戴维南定理讨论的是线性有源二端网络简化的问题，定理使用时对网络外部的负载是否是线性的并没有作要求。换句话说，外部电路是线性的还是含有非线性元件都可以使用这个定理。

如果对有源二端网络的内部电路不了解，或电路十分复杂，那么戴维南等效电路的 U_o 和 R_o 则可以通过实验的方法来确定。这也是戴维南定理的一个优点。有源二端网络的开路电压 U_{oc} 和短路电流 I_{sc} 可分别用电压表、电流表直接测量。如果有源二端网络不允许直接短接，可用电流表串一保护电阻 R' 接入 ab 两端。如图 2-17 所示。

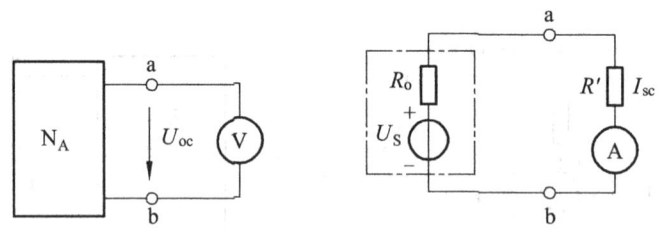

图 2-17　用实验方法直接测量 U_{oc} 与 R_o

无 R'：

$$U_S = U_{oc}，\quad I_{sc} = \frac{U_{oc}}{R_o} \text{ 即 } R_o = \frac{U_{oc}}{I_{sc}} \tag{2-1}$$

有 R'：

$$U_S = U_{oc}，\quad I_{sc} = \frac{U_{oc}}{R_o + R'} \text{ 即 } R_o = \frac{U_{oc}}{I_{sc}} - R' \tag{2-2}$$

式（2-1）、式（2-2）正是法国工程师 M. L. 戴维南于 1883 年提出定理时的实践依据。

【例 2-7】试用戴维南定理求图 2-18（a）所示电路中通过 R_2 的电流。已知 $U_S = 20\ \text{V}$，$I_S = 1\ \text{A}$，$R_1 = 100\ \Omega$，$R_2 = 100\ \Omega$。

解：（1）将图 2-18（a）所示的原电路待求支路从 a、b 两端取出，画出图 2-18（b）求开路电压 U_o 的电路图。

（2）求开路电压 U_o、等效电阻 R_o。

$$U_o = U_{ab} = V_a - V_b = I_S R_1 + U_S = 100 \times 1 + 20 = 120\ (\text{V})$$

将图 2-18（b）中的恒压源 U_S、恒流源 I_S 去除，画出求等效电阻 R_o 的电路图 2-18（c）。从 a、b 两端求得等效电阻 $R_o = R_1 = 100\ \Omega$。

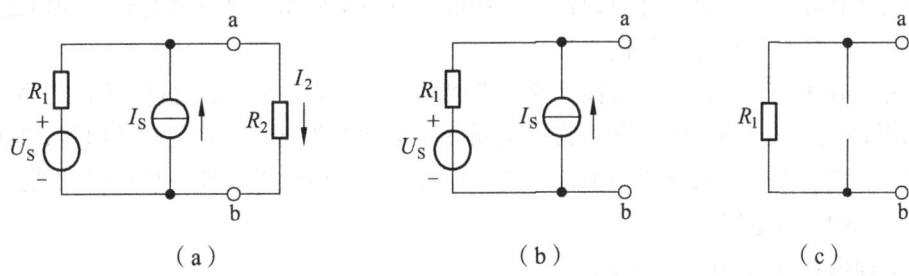

图 2-18　例 2-7 图

（3）求电流 I。

根据全电路欧姆定律可得

$$I_2 = \frac{U_o}{R_o + R_2} = \frac{120}{100 + 100} = 0.6\ (\text{A})$$

上述计算结果和例 2-7 中用戴维南定理计算结果完全一致。从而验证了戴维南定理的正确性。

从以上例题可看出，用戴维南定理求某一支路电流的步骤：

（1）将电路分割成有源二端网络和待求支路部分。

（2）开路求电压（U_o）、去源求内阻（R_o）。

（3）根据全电路欧姆定律求解。

【例 2-8】电路如图 2-19（a）所示，已知开关 S 扳向 1，电流表读数为 2 A；开关 S 扳向 2，电压表读数为 4 V；求开关 S 扳向 3 后，电压 U 等于多少？

解：根据戴维南定理，由已知条件得

短路电流　　　　　　　　　　　　$I_{sc} = 2\ \text{A}$

开路电压　　　　　　　　　　　　$U_{oc} = 4\ \text{V}$

所以　　　　　　　　　　　　　　$R_o = 2\ \Omega$

根据戴维南定理可画出其等效电路图 2-19（b）。

$$U = 1 \times 5 + 1 \times 2 + 4 = 11\ (\text{V})$$

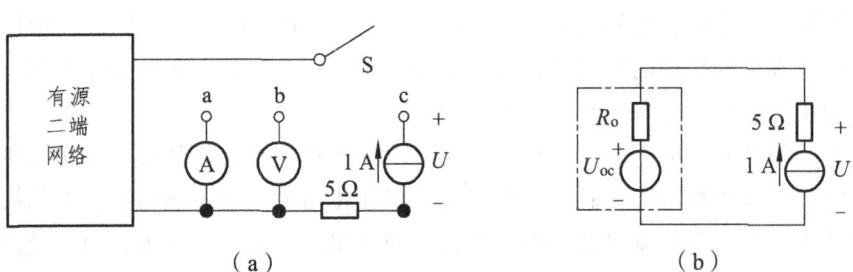

图 2-19　例 2-8 图

2.5.2 诺顿定理

一个线性有源二端网络既然可以用一恒压源与电阻串联组合来等效替代，同样也可以用恒流源与电阻并联组合来等效替代。

诺顿定理表述为：任何一个线性有源二端网络，对外电路来说，总可以用一个恒流源 I_S 与电阻 R_o 并联的电流源来代替。恒流源的 I_S 等于该有源二端网络端口的短路电流，其电阻 R_o 等于该有源二端网络中所有独立电源除源（恒压源短路，恒流源开路）后所得到的无源二端网络两端之间的等效电阻。

诺顿定理内容可以用图 2-20 表示。

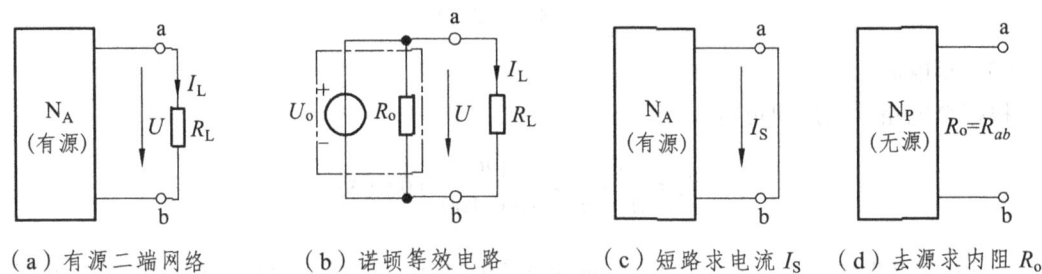

（a）有源二端网络　　（b）诺顿等效电路　　（c）短路求电流 I_S　　（d）去源求内阻 R_o

图 2-20　诺顿定理的图解表示

2.6　含受控源电路的分析

独立源和受控源在电路中的作用完全不同。前者是作为电路的输入，它代表外界对电路的作用；后者是作为某些电路元件和部件中所发生物理现象的一种模型，它反映了电路中某处电压或电流受另一处电压或电流的控制关系。电路图中为了区分开这两种电源，受控源往往用菱形图表示（见图 1-20）。关于受控源类型和符号的详细内容参见 1-5.2 节。

这里的受控源是理想受控源。"理想"二字的含义是：从输入端看，电压控制的受控源输入端为开路（输入电阻无穷大）；电流控制的受控源输入端为短路（输入电阻为零）。这样，理想受控源的输入功率损耗为零。从输出端看，对受控电压源来说，输出电压恒定（输出电阻为零）；对受控电流源来说，输出电流恒定（输出电阻为无穷大）。

受控源具有两重性：电源性和电阻性。对受控源来说，只要控制量不为零，受控电压源两端就有电压输出，受控电流源就能输出电流。它们在电路中就与独立源具有同样的外特性，这就是它的电源性。受控源的电阻性是指在电路中可用一个等效电阻代替受控源，而且此等效电阻可能为正值，也可能为负值（见例 2-10）。

在计算含有受控源的电路时，可采用前面介绍的各种方法分析计算。如用基尔霍夫定律列电路方程时，可将受控源当作独立电源对待。但在化简电路时不能将受控源的控制量消除掉，否则会留下一个没有控制量的受控源电路，使电路无法求解。另外，由于受控源具有电阻性，在除源时不能把受控源当作独立源，应当给予保留。这在求等效电阻时特别注意。

由于在计算含有受控源电路的等效电阻时，不能将受控源除源，所以其等效电阻也就无法用电阻的串并联方法直接计算出来。其计算方法如下：

（1）外加电源法。

① 将二端网络中的恒压源短路，恒流源开路，但保留受控源。

② $R_o = \dfrac{U}{I}$。

（2）开路电压，短路电流法。

① 求开路电压 U_o 和短路电流 I_{sc}。

② $R_o = \dfrac{U_{oc}}{I_{sc}}$。

【例 2-9】用叠加原理求图 2-22（a）所示电路中电流 I_1。

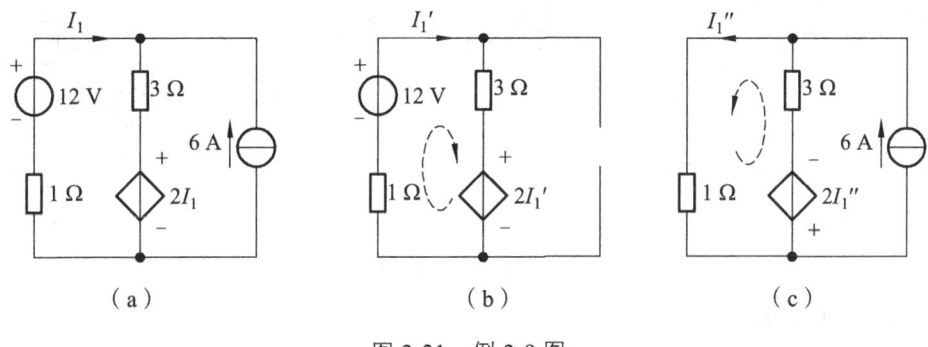

图 2-21　例 2-9 图

解：当 12 V 恒压源单独作用时，电路如图 2-21（b）所示。

根据 KVL　　　　　　　　$12 - (1+3) \times I_1' - 2I_1' = 0$ 得 $I_1' = 2$ A

当 6 A 恒流源单独作用时，电路如图 2-21（c）所示。

根据 KVL　　　　　　　　$3 \times (6 - I_1'') - 1 \times I_1'' - 2I_1'' = 0$ 得 $I_1'' = 3$ A

由叠加原理可得　　　　　　$I_1 = I_1' - I_1'' = 2 - 3 = -1$（A）

这里要注意，受控源不能单独作用，各独立源单独作用时，受控源均应保留。并且控制量的参考方向改变时，受控源的电压或电流的参考方向也要相应改变。

【例 2-10】试化简图 2-22（a）所示电路。

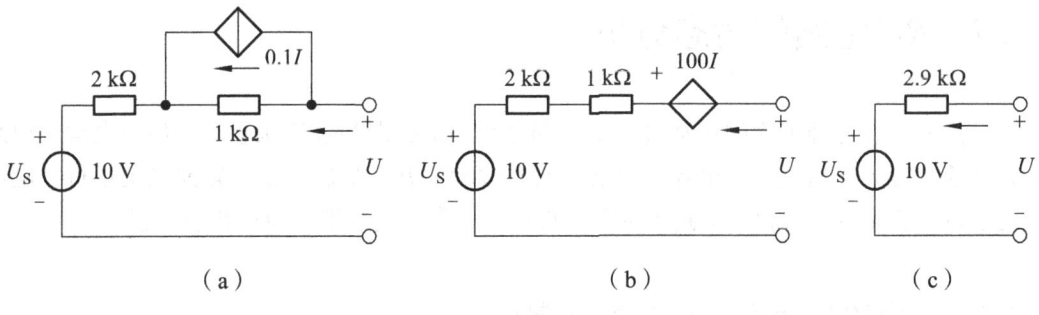

图 2-22　例 2-10 图

解：首先将受控电流源变换为受控电压源，变换后的电路如图 2-22（b）所示。按照 2-22

(b) 图可写出如下电路方程:

$$U = -100I + 1000I + 2000I + 10 = 2900I + 10$$

根据以上电路方程可以将原电路简化为图 2-22 (c)。

从本题可以看到,在此电路里 CCVS 等效一个 -100Ω 的电阻。以上说明受控源具有电阻性。

值得注意的是:即使受控源的控制系数一样,但在不同的电路里其等效的电阻并不是一个固定电阻值。这是由于控制量和电路其他元件参数有关。

【例 2-11】 试求图 2-22 (a) 所示电路的戴维南等效电路。

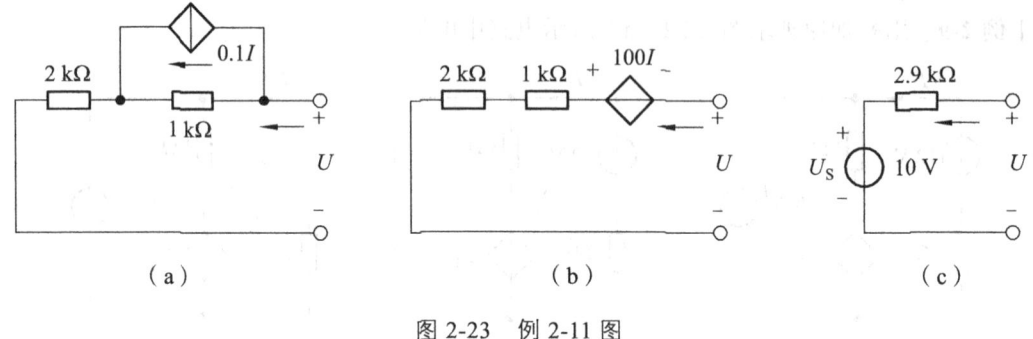

图 2-23 例 2-11 图

解:(1)求开路电压。

由图 2-22 (a) 可知,开路后 $I=0$。所以 $U_{oc}=10$ V。

(2)求等效电阻。

把图 2-22 (a) 中的电压源短路后如图 2-23 (a) 所示。再把受控电流源变换为受控电压源如图 2-23 (b) 所示。

$$U = -100I + 1000I + 2000I = 2900I$$

因而

$$R_o = \frac{U}{I} = 2900 \ \Omega$$

戴维南等效电路由 $U_{oc}=10$ V 与 $R_o=2900$ Ω 串联组成,如图 2-23 (c) 所示。

2.7 RC 电路的暂态分析

在自然界中,各种事物的运动过程通常都存在稳定状态和过渡状态。例如某电动机原来静止,转速为零,接通电源后电动机启动,转速逐渐上升,最后以某一转速稳定运行。电动机的起动过程就是过渡过程。电路中也常出现过渡过程,我们把它叫作暂态过程。

2.7.1 电路的暂态过程与换路定理

电路中的暂态过程是由于电路的接通、断开、短路、电源或电路中的参数突然改变等原因引起的。我们把电路状态的这些改变统称为换路。然而,并不是所有的电路在换路时都产生过渡过程,换路只是产生过渡过程的外在原因,其内因是电路中具有储能元件电容或电感。

现在,简要分析为什么含有储能元件的电路换路时就可能产生暂态过程。因为换路时电路状态将发生变化(即电流、电压等状态参量发生变化),所以储能元件的储能也发生变化。如果能量的变化可以突变,由 $p = \mathrm{d}w/\mathrm{d}t$ 可知,就意味着无穷大功率的存在,这在实际中是不可能的。因此能量是不能突变的。

电容与电感均属储能元件,它们的磁能和电能分别为

$$\frac{1}{2}Cu_C^2 \text{ 和 } \frac{1}{2}Li_L^2$$

因此 u_C 和 i_L 不能突变。今设 $t=0$ 为换路瞬间,而以 $t=0_-$ 表示换路前的终了瞬间,$t=0_+$ 表示换路后的初始瞬间。在 $t=0_-$ 到 $t=0_+$ 的换路瞬间,电容元件的电压

$$\begin{cases} u_C(t_{0+}) = u_C(t_{0-}) \\ i_L(t_{0+}) = i_L(t_{0-}) \end{cases} \quad (2\text{-}3)$$

必须指出的是,换路定则只能确定换路瞬间 $t=0_+$ 时不能突变的 u_C 和 i_L 初始值。而 $u_C(0_-)$ 或 $i_L(0_-)$ 需根据换路前终了瞬间的电路进行计算。

2.7.2 RC 电路的零状态响应

在电路分析中,通常将电路在外部输入(常称为激励)或内部储能的作用下所产生的电压或电流称为响应。如果电路没有初始储能,仅由外界激励源(电源)的作用产生的响应,称为零状态响应。如果无外界激励源作用,仅由电路本身初始储能的作用所产生的响应,称为零输入响应。既有初始储能又有外界激励所产生的响应称为全响应。

电路如图 2-24 所示。设开关 S 闭合前未充电,$t=0$ 时将它合上,研究 u_C、i、u_R 等量的变化规律。

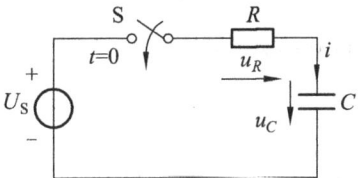

图 2-24 RC 充电电路

根据 KVL 可列回路方程

$$U_S = u_R + u_C$$

因为

$$u_R = iR, \quad i_C = C\frac{\mathrm{d}u_C}{\mathrm{d}t}$$

代入前式得

$$RC\frac{du_C}{dt}+u_C=U_S \tag{2-4}$$

该式是一阶常系数非齐次线性微分方程，解此方程就可得到电容电压随时间变化的规律。该方程的解由特解 u'_C 和通解 u''_C 两部分组成，即 $u_C=u'_C+u''_C$。

特解 u'_C 是方程的任一个解。因为电路的稳态值也是方程的解，且稳态值很容易求得，故特解取电路的稳态解，即

$$u'_C=u_C(t)|_{t\to\infty}=U_S \tag{2-5}$$

u''_C 为方程对应的齐次方程

$$RC\frac{du_C}{dt}+u_C=0 \tag{2-6}$$

的通解，其解的形式是 Ae^{pt}，其中 A 是待定系数。

令 p 是齐次方程的特征根，则特征方程为

$$RCp+1=0$$

$$p=-\frac{1}{RC}=-\frac{1}{\tau}$$

上式中 $\tau=RC$，具有时间量纲，称为 RC 电路的时间常数。因此通解可写为

$$u''_C=Ae^{-\frac{t}{RC}} \tag{2-7}$$

可见 u''_C 是按指数规律衰减的，它只出现在过渡过程中，通常称 u''_C 为暂态分量。由此，稳态分量加暂态分量就得到方程的全解，即

$$u_C(t)=U_S+Ae^{-\frac{t}{RC}}$$

根据换路定律 $u_C(t_{0+})=u_C(t_{0-})=0$ 得 $A=-U_S$
于是得到

$$u_C(t)=U_S(1-e^{-\frac{t}{RC}})=U_S(1-e^{-\frac{t}{\tau}}) \tag{2-8}$$

$$i_C=C\frac{du_C}{dt}=\frac{U_S}{R}e^{-\frac{t}{\tau}} \tag{2-9}$$

$$u_R(t)=i_C R=U_S e^{-\frac{t}{\tau}} \tag{2-10}$$

可见，开关 S 闭合瞬间 C 相当于短路，电阻电压最大为 U_S，充电电流最大为 U_S/R，稳态后电阻电压和电流均零。u_C、i 和 u_R 的变化曲线如图 2-25 所示。

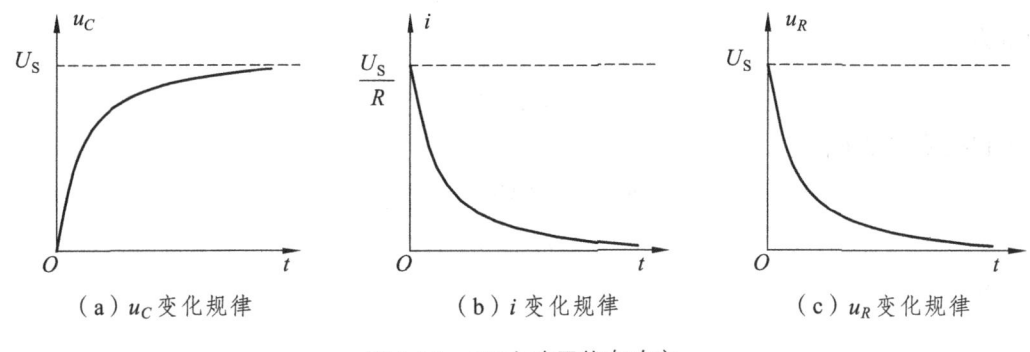

(a) u_C 变化规律　　　　(b) i 变化规律　　　　(c) u_R 变化规律

图 2-25 RC 电路零状态响应

可以看出，电容器充电时 u_C、i 和 u_R 是按指数规律上升或衰减的，其上升或衰减的速度由时间常数 τ 决定，在同一电路中各相响应的 τ 是相同的。

从理论上讲，暂态过程所经历的时间为无限长，但一般认为当时间 t 等于时间常数的 4～5 倍，暂态过程即已结束，这可以从表 2-1 中看出。

表 2-1　u_C 随时间增加

时间	0	τ	2τ	3τ	4τ	5τ
u_C	0	$0.632U_S$	$0.865U_S$	$0.950U_S$	$0.982U_S$	$0.993U_S$

2.7.3　RC 电路的零输入响应

电路如图 2-26 所示，设电路开关 S 原来闭合，电容器充电至电压 U_S，电路处于稳定状态。$t=0$ 时开关 S 动作将 RC 电路短接，电容 C 对电阻 R 放电。

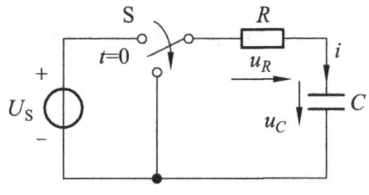

图 2-26　RC 放电电路

根据 KVL 可列回路方程

$$u_R + u_C = 0$$

因为 $u_R = iR$

$$i_C = C\frac{du_C}{dt}$$

代入前式得一阶线性常系数齐次微分方程

$$RC\frac{du_C}{dt} + u_C = 0 \tag{2-11}$$

其通解为

$$u_C = A e^{-\frac{t}{RC}}$$

根据换路定律求得

$$u_C(t_{0+}) = u_C(t_{0-}) = U_S$$

$$A = U_S$$

由此可知

$$i_C = C\frac{du_C}{dt} = -\frac{U}{R}e^{-\frac{t}{RC}} \tag{2-12}$$

$$u_R = i_C R = -U e^{-\frac{t}{RC}} \tag{2-13}$$

$$u_C = U_S e^{-\frac{t}{RC}} \tag{2-14}$$

以上负号说明其实际方向与参考方向相反。RC 电路的零输入响应如图 2-27 所示。

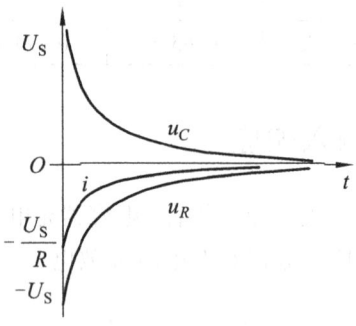

图 2-27 RC 电路的零输入响应

课后练习

2-1 如图 2-28 所示电路，已知 $U_{S1} = 8\text{ V}$，$U_{S2} = 6\text{ V}$，$R_1 = 0.1\ \Omega$，$R_2 = 0.2\ \Omega$，$R_3 = 20\ \Omega$，$R_4 = 40\ \Omega$，试求各支路中的电流。

2-2 如图 2-29 所示电路，试求电路中各支路电流。

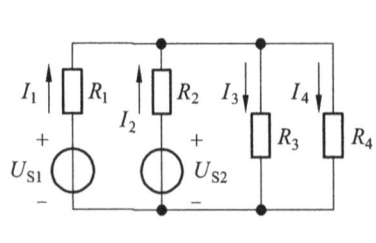

图 2-28 题 2-1 的电路

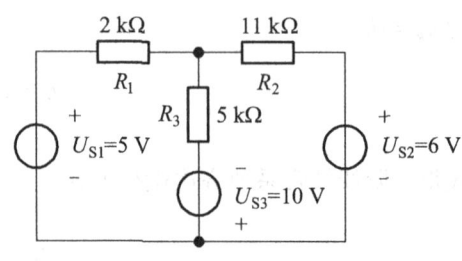

图 2-29 题 2-2 的电路

2-3 如图 2-30 所示电路中，$U_S = 1\,\text{V}$，$R_1 = 1\,\Omega$，$I_S = 2\,\text{A}$，电阻 R 消耗功率为 $2\,\text{W}$。试求 R 的阻值。

2-4 试用支路电流法求图 2-31 所示网络中通过电阻 R_3 支路的电流 I_3 及理想电流源的端电压 U。图中 $I_S = 2\,\text{A}$，$U_S = 2\,\text{V}$，$R_1 = 3\,\Omega$，$R_2 = R_3 = 2\,\Omega$。

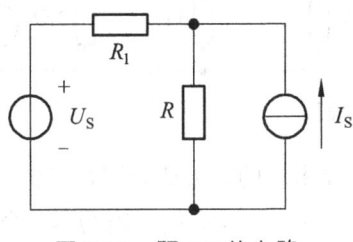

图 2-30　题 2-3 的电路

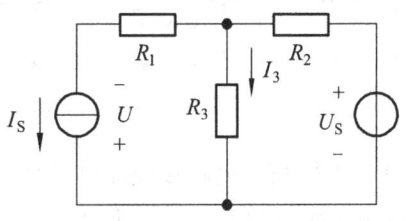

图 2-31　题 2-4 的电路

2-5 试用叠加定理重解题 2-4。

2-6 再用戴维南定理求题 2-4 中的 I_3。

2-7 如图 2-32 所示的电路中，已知 $U_{S1} = 6\,\text{V}$，$U_{S2} = 1\,\text{V}$，$I_S = 5\,\text{A}$，$R_1 = 2\,\Omega$，$R_2 = 1\,\Omega$，求电流 I。

2-8 如图 2-33 所示电路中，已知 $U_{AB} = 0\,\text{V}$，试用叠加定理求 U_S 的值。

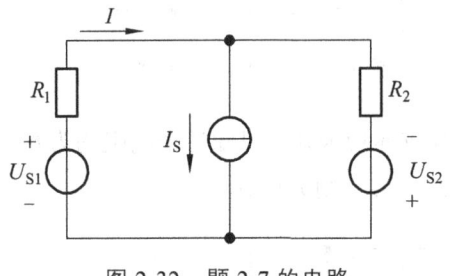

图 2-32　题 2-7 的电路

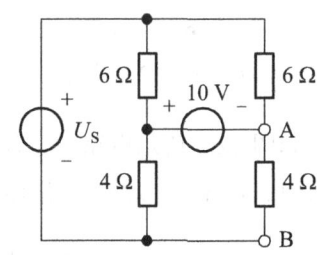

图 2-33　题 2-8 的电路

2-9 如图 2-34 所示电路，试用叠加定理求电阻 R_4 上电压 U 的表达式。

2-10 如图 2-35 所示电路，已知 $R_1 = 1\,\Omega$，$R_2 = R_3 = 2\,\Omega$，$U_{S1} = 1\,\text{V}$，欲使 $I = 0$，试用叠加定理确定电流源 I_S 的值。

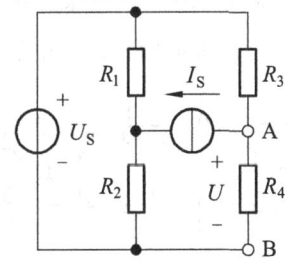

图 2-34　题 2-9 的电路

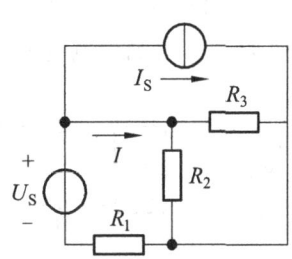

图 2-35　题 2-10 的电路

2-11 画出图 2-36 所示电路的戴维南等效电路。

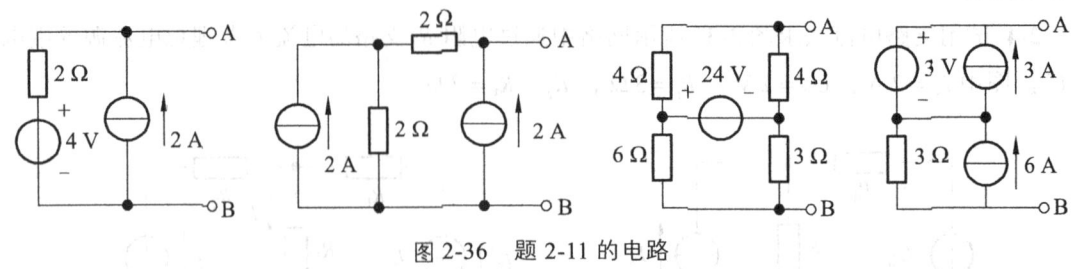

图 2-36　题 2-11 的电路

2-12 如图 2-37 所示电路接线性负载时，U 的最大值和 I 的最大值分别是多少？

2-13 电路如图 2-38 所示，假定电压表的内阻为无限大，电流表的内阻为零。当开关 S 处于位置 1 时，电压表的读数为 10 V，当 S 处于位置 2 时，电流表的读数为 5 mA。试问当 S 处于位置 3 时，电压表和电流表的读数各为多少？

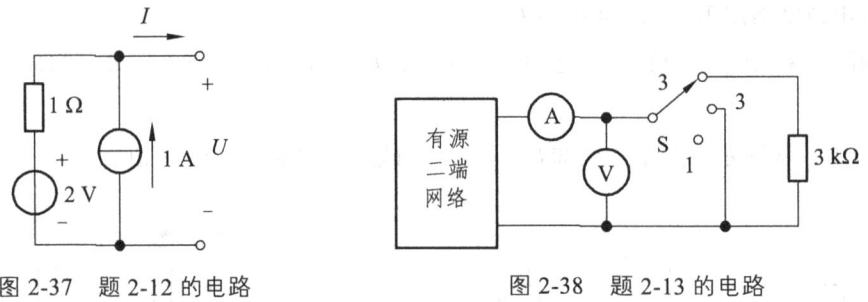

图 2-37　题 2-12 的电路　　　　图 2-38　题 2-13 的电路

2-14 如图 2-39 所示电路中，各电源的大小和方向均未知，只知每个电阻均为 6 Ω，又知当 $R=6\,\Omega$ 时，电流 $I=5\,\text{A}$。今欲使 R 支路电流 $I=3\,\text{A}$，则 R 应该多大？

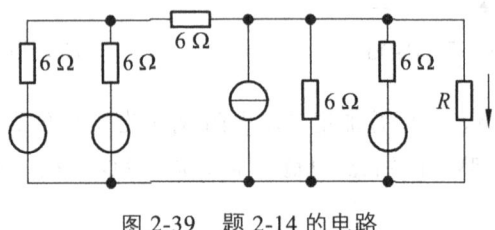

图 2-39　题 2-14 的电路

2-15 如图 2-40 所示电路中，N 为线性有源二端网络，测得 AB 之间电压为 9 V，见图（a）；若连接如图（b）所示，可测得电流 $I=1\,\text{A}$。现连接成图（c）所示形式，问电流 I 为多少？

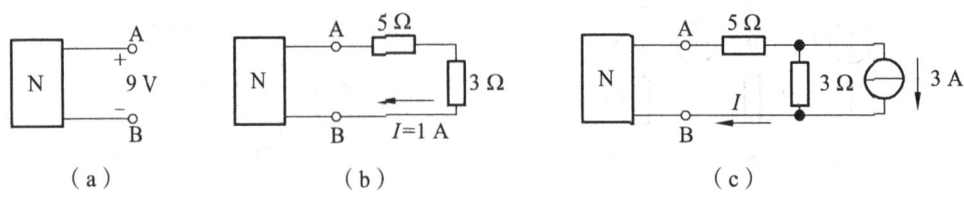

（a）　　　　　　（b）　　　　　　（c）

图 2-40　题 2-13 的电路

2-16 电路如图 2-41 所示,已知 $R_1 = 5\,\Omega$ 时获得的功率最大,试问电阻 R 是多大?

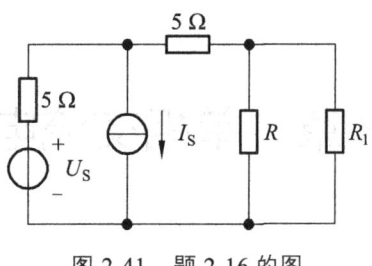

图 2-41 题 2-16 的图

第 3 章　单相交流电路

在电力系统中，考虑到传输、分配和应用电能方面的便利性、经济性，大都采用交流电。工程上应用的交流电，一般是随时间按正弦规律变化的，称为正弦交流电，简称交流电。正弦交流电路是指含有正弦电源而且电路各部分所产生的电压和电流均按正弦规律变化的电路。

3.1　正弦交流电的基本概念

3.1.1　正弦量的三要素

图 3-1 画出了正弦量（以电流 i 为例）的一般变化曲线。电流 i 随时间的变化关系可用正弦函数表达，即

$$i = I_m \sin(\omega t + \varphi_i) \qquad (3-1)$$

式（3-1）称为正弦量的解析式。式中 i 为正弦交流电的瞬时值，I_m 为正弦交变电流的最大值，ω 称为正弦量角频率，φ_i 称为初相位，t 为时间。由式（3-1）可知，对于一个正弦电流 i，如果 I_m、ω、φ_i 已知，则它与时间 t 的关系就是唯一确定的。因此最大值、角频率、初相位称为正弦量的三要素。

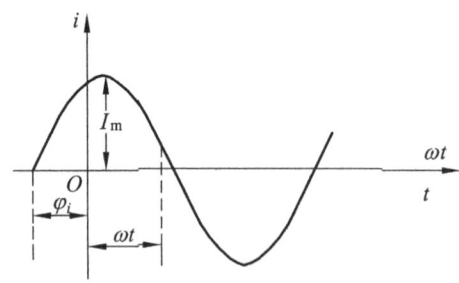

图 3-1　正弦交流电的三要素

① 最大值。式（3-1）中，I_m 为电流的最大值，也称幅值。正弦量的最大值用带下标 m 的大写英文字母表示，如 I_m、U_m、E_m 分别表示正弦电流、正弦电压、正弦电动势的最大值。

② 角频率。式（3-1）中的 ω 在数值上等于单位时间内正弦函数幅角的增长值，称为角频率，它的单位为 rad/s（弧度每秒）。交流电循环变化一周的时间称为周期，用 T 表示。周期的单位是 s（秒）。1 s 内含有的周期数称为频率，用 f 表示。频率的单位是 Hz（赫兹，简称赫）。

由定义可知，频率与周期互为倒数，即

$$f = \frac{1}{T} \tag{3-2}$$

由于在一个周期 T 内幅角增长 2π 弧度，故

$$\omega = \frac{2\pi}{T} = 2\pi f \tag{3-3}$$

频率、周期、角频率三个量都是说明正弦交流电变化快慢的。三个量中只要知道一个，其他两个量即可求出。例如中国工业和照明用电的频率为 50 Hz（称为工频），其周期为 $T = \frac{1}{f} = \frac{1}{50}\text{s} = 0.02\text{ s}$，角频率 $\omega = 2\pi f = 2 \times 3.14 \times 50 \text{ rad/s} = 314 \text{ rad/s}$。

③ 相位角与初相角。式（3-1）中，$\omega t + \varphi_i$ 是正弦交流电随时间变化的（电）角度，称为该正弦交流电的相位角，简称相位，单位是 rad（弧度），为了方便也可用度来表示。在 $t = 0$ 时的相位称为初相位，简称初相。式（3-1）中的 φ_i 就是该正弦交流电的初相，其值与计时起点有关。

【例 3-1】某正弦电压的最大值 $U_\text{m} = 310 \text{ V}$，初相 $\varphi_u = 30°$；某正弦电流的最大值 $I_\text{m} = 14.1 \text{ A}$，初相 $\varphi_i = -60°$。它们的频率均为 50 Hz。试分别写出电压和电流的瞬时值表达式。并画出它们的波形。

解： 电压的瞬时值表达式为

$$u = U_\text{m}\sin(\omega t + \varphi_u) = 310\sin(2\pi f t + \varphi_u) = 310\sin(314t + 30°)$$

电流的瞬时值表达式为

$$i = I_\text{m}\sin(\omega t + \varphi_i) = 14.1\sin(314t - 60°)$$

电压和电流波形如图 3-2 所示。

【例 3-2】若正弦电流、电压波形如图 3-3 所示，试写出它们的解析式。

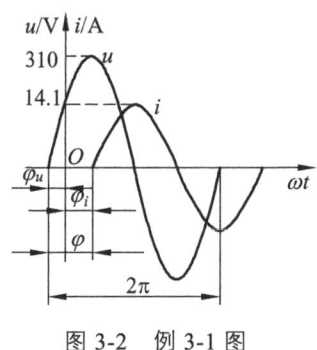

图 3-2 例 3-1 图

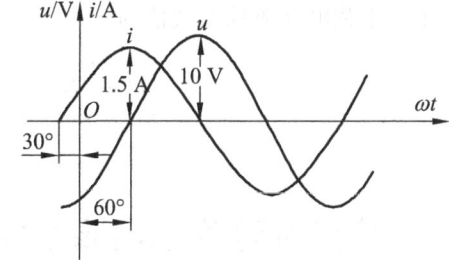

图 3-3 例 3-2 图

解： 按照波形图，正弦电流解析式为

$$i = 1.5\sin(\omega t + 30°)$$

正弦电压的解析式为

$$u = 10\sin(\omega t - 60°)$$

3.1.2 相位差

两个同频率正弦量初相位之差称为它们之间的相位差，用 φ 表示。相位差的取值范围通常是：$-180° < \varphi \leqslant 180°$。它反映了这两个正弦量"步调"上的关系。例 3-1 中电压与电流的相位差为

$$\varphi = (\omega t + \varphi_u) - (\omega t + \varphi_i) = \varphi_u - \varphi_i \tag{3-4}$$

其数值为
$$\varphi = 30° - (-60°) = 90°$$

即两个同频率正弦量的相位差等于它们的初相差。

若 $\varphi > 0$，表示 $\varphi_u > \varphi_i$，表明 u 的相位超前于 i，或 i 的相位滞后于 u。

若 $\varphi < 0$，表示 $\varphi_u < \varphi_i$，表明 u 的相位滞后于 i，或 i 的相位超前于 u。

若 $\varphi = 0$，即 $\varphi_u = \varphi_i$，这种情况称为 u 与 i 同相位，简称同相。

若 $\varphi = \varphi_u - \varphi_i = \pi$ 这表明 u 与 i 在相位上相差 π 角，这种情况称为 u 与 i 反相。

【**例 3-3**】已知电动势 $e = E_m \sin(\omega t + 45°)$ V，频率 $f = 50$ Hz，$i = I_m \sin \omega t$ A。试求 e 与 i 之间的相位差。

解：相位差 $\varphi = 45° - 0° = 45°$

即电动势 e 比电流 i 超前 $45°$。

3.1.3 正弦交流电的有效值

有效值就是从热效应来定义交流量大小的一个物理量。规定：如果一个交流电流，流过一个电阻，在一周期时间内产生的热量和某一直流电流流过同一电阻在相同时间内所产生的热量相同，那么这个直流电流的量值就称为交流电流的有效值。即交流电流的有效值就是热效应与它等同的直流值。交流电的有效值用大写英文字母 I、U、E 表示。

正弦量的有效值等于它最大值的 $\dfrac{1}{\sqrt{2}}$。

正弦电压、正弦电动势的有效值为

$$U = \frac{U_m}{\sqrt{2}} \qquad E = \frac{E_m}{\sqrt{2}} \tag{3-5}$$

3.2 正弦交流电的相量表示法

一个正弦量可以由振幅、角频率、初相位这三个要素来确定，正弦量可以用不同的方式来表示，只要把三个要素表示清楚即可，正弦量的表示方法是分析正弦交流电路的工具。

前面已经用过两种方法表示正弦量，即三角函数式及其波形图表示，都很直观，但不便于计算。为了电路分析和计算的方便，经常采用相量表示法，即用复数式与相量图来表示正弦量。

3.2.1 复数

设复平面内有一复数 A，其模为 r，辐角为 θ，如图 3-4 所示。一个复数可以用下列不同的式子表示：

$$A = a + jb \text{（代数式）}$$
$$= r\angle\theta \text{（极坐标式）}$$

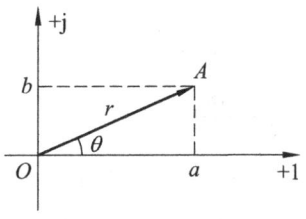

图 3-4 复数

$j = \sqrt{-1}$ 为虚单位。以上两种不同的表示方式可以互相转换，其中 $r = \sqrt{a^2 + b^2}$，$\theta = \arctan\dfrac{b}{a}$，$a = r\cos\theta$，$b = r\sin\theta$。

由上述可知，一个复数由模和辐角两个特征量来确定。复数做乘、除运算时，用极坐标式方便。乘运算，模相乘，辐角相加；除运算，模相除，辐角相减。做加减运算时，用代数式比较方便。实部与实部相加减，虚部与虚部相加减。

3.2.2 正弦量的相量表示

求解一个正弦量必须先求得它的三要素，但在分析正弦交流电路时，同一电路中所有的电压、电流都是同频率的正弦量，而且它们的频率与正弦电源的频率相同，往往是已知的，可不必考虑，因此，一个正弦量由幅值（或有效值）及初相位两个要素就可以确定了。

比照复数和正弦量，一个复数和一个正弦量可以一一对应，即正弦量可以用复数表示。复数的模为正弦量的幅值（或有效值），辐角为正弦量的初相角。表示正弦量的复数称为相量。

如正弦量 $i = I_m \sin(\omega t + \varphi_i)$，其相量形式为

$$\dot{I}_m = I_m \angle \varphi_i \text{（最大值相量，模为最大值）}$$

或

$$\dot{I} = I \angle \varphi_i \text{（有效值相量，模为有效值）}$$

注意：正弦量和相量并不相等，只是一一对应，可以互相表示。在运算过程中，相量与一般复数没有区别。

3.2.3 相量图

设正弦量 $i = I_m \sin(\omega t + \varphi_i)$，其相量为 $\dot{I}_m = I_m \angle \varphi_i$，在复平面上可以用长度为最大值 I_m（或有效值 I），与实轴正向夹角为 φ_i 的矢量表示，如图 3-5 所示。这种表示相量的图称为相量图。有时为简便起见，实轴和虚轴可省去不画。

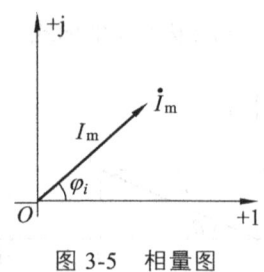

图 3-5　相量图

同频率的正弦量可以画在一个相量图中，在相量图上，能形象地表示出各正弦量的大小和相位关系。

【例 3-4】已知 $i = 50\sqrt{2}\sin(314t + 30°)$ A，$u = 100\sqrt{2}\sin(314t + 60°)$ V，试画出电流、电压的相量图。

解：电流、电压的相量图如图 3-6 所示。图中 $\dot{I}$、$\dot{U}$ 为电流、电压的相量。从相量图中可以看出，电压超前电流 30°。

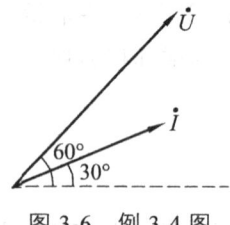

图 3-6　例 3-4 图

【例 3-5】已知 $i_1 = 3\sqrt{2}\sin 314t$ A，$i_2 = 4\sqrt{2}\sin(314t + 90°)$ A，试求总电流。

解：画出电流 i_1、i_2 的相量图，如图 3-7 所示，用平行四边形法则求得总电流 i 的相量，如图 3-7 所示。

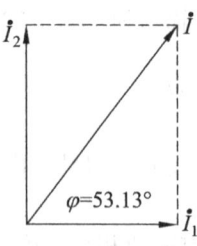

图 3-7　例 3-5 图

根据相量图中的几何关系，可求出电流 i 的有效值和初相角为

$$I = \sqrt{I_1^2 + I_2^2} = \sqrt{3^2 + 4^2} = 5 \text{ (A)}$$

$$\tan\varphi = \frac{4}{3} \qquad \varphi = 53.13°$$

则
$$i = i_1 + i_2 = 5\sqrt{2}\sin(314t + 53.13°)\ (A)$$

以上计算可以看出，利用相量图计算正弦量，避开了三角函数的运算，使计算量大为简化。

3.3 单一参数的交流电路

分析各种交流电路时，必须首先掌握单一参数（电阻、电感、电容）元件电路中电压与电流之间的关系，因为其他电路无非是一些单一参数元件的组合而已。

3.3.1 纯电阻元件的交流电路

1. 电压电流关系

纯电阻电路如图 3-8（a）所示，设 $u = U_m \sin\omega t$，根据欧姆定律

$$i = \frac{u}{i} = \frac{U_m}{R}\sin\omega t = I_m \sin\omega t \tag{3-6}$$

由此可知，通过电阻中的电流 i 与它的端电压 u 是同频同相位的两个正弦量。于是可得出它们的波形图及相量图，如图 3-8（b）和（c）所示。

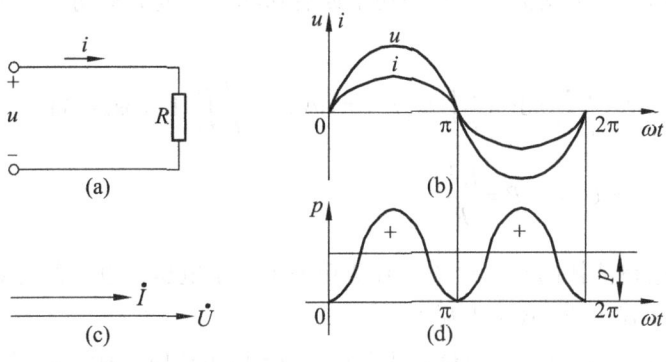

图 3-8　电阻电路

由式（3-6）可知，$I_m = \dfrac{U_m}{R}$，两边同除 $\sqrt{2}$，得到电压、电流有效值之间的关系

$$I = \frac{U}{R}\ 或\ U = IR$$

这说明电阻电路中电压有效值与电流有效值间的关系也符合欧姆定律。

用相量来分析。由于外加电压　　　$u = U_m \sin\omega t$

电压的相量为
$$\dot{U} = U\angle 0°$$

电流为
$$i = \frac{u}{i} = \frac{U_m}{R}\sin\omega t$$

故电流的相量为
$$\dot{I} = I\angle 0° = \frac{U}{R}\angle 0°$$

或
$$\dot{U} = R\dot{I} \tag{3-7}$$

式（3-7）是电阻电路中欧姆定律的相量形式。它既表达了电压与电流有效值之间的关系为 $U = IR$，又表明电压 u 与电流 i 同相位。

2. 功率计算

（1）瞬时功率 p。

电路任一瞬时所吸收的功率称为瞬时功率，用 p 表示。它等于电压与电流瞬时值的乘积。即

$$p = ui = U_m I_m \sin^2\omega t = \frac{U_m}{I_m}(1-\cos 2\omega t) = UI + UI\sin(2\omega t - \frac{\pi}{2})$$

p 包含两项：一项是常量 UI，另一项是正弦函数。因此，瞬时功率 p 的变化曲线可以由图 3-8（d）看出，瞬时功率始终为正值，而电流、电压的参考方向一致，说明电阻元件总是从电源吸收电能，并转换成热能，电阻是耗能元件。瞬时功率的实用意义不大。

（2）平均功率 P（有功功率）。

瞬时功率在一周期的平均值，称平均功率或有功功率，或简称功率，用大写英文字母 P 表示。即

$$P = \frac{1}{T}\int_0^T p\,dt = \frac{1}{T}\int_0^T U_m I_m \sin^2\omega t\,dt = \frac{UI}{T}\int_0^T (1-\cos 2\omega t)\,dt$$

$$= UI = I^2 R = \frac{U^2}{R} \tag{3-8}$$

结论：纯电阻电路消耗的平均功率（有功功率）等于电压和电流的有效值的乘积。有功功率的单位也是 W（瓦）或 kW（千瓦）。

【例 3-6】电路中只有电阻 $R = 2\,\Omega$，正弦电压 $u = 10\sin(314t - 60°)$ V，试求：① 通过电阻的电流相量及瞬时值表达式；② 电阻消耗的功率。

解：① 电压相量为
$$\dot{U} = U\angle\varphi_u = \frac{10}{\sqrt{2}}\angle -60° = 7.07\angle -60°$$

电流相量为
$$\dot{I} = \frac{\dot{U}}{R} = \frac{7.07\angle -60°}{2} = 3.54\angle -60°$$

电流瞬时值表达式为

$$i = I_m \sin(\omega t + \varphi_i) = 5\sin(314t - 60°)\,(\text{A})$$

②电阻消耗的功率

$$p = UI = \frac{10}{\sqrt{2}} \times \frac{5}{\sqrt{2}} = 25\,(\text{W})$$

3.3.2 纯电感元件的交流电路

1. 电压电流关系

图 3-9（a）所示为纯电感电路。根据 KVL，在电路中

$$u = -eL \tag{3-9}$$

电感元件中的自感电动势

$$eL = -L\frac{di}{dt} \tag{3-10}$$

式中 $\frac{di}{dt}$ 是电流变化率；L 是线圈的自感系数，单位是 H（亨利）。将式（3-10）代入式（3-9）中得

$$u = L\frac{di}{dt} \tag{3-11}$$

将 $i = I_m \sin\omega t$ 代入式（3-11），得

$$u = L\frac{di}{dt} = L\frac{d}{dt}(I_m \sin\omega t) = \omega L I_m \cos\omega t = U_m \sin(\omega t + \frac{\pi}{2}) \tag{3-12}$$

由式（3-12）可知

$$U_m = \omega L I_m \tag{3-13}$$

$$U = \omega L I = X_L I \tag{3-14}$$

其中

$$X_L = \omega L = 2\pi f L \tag{3-15}$$

X_L 称为电感电抗，简称电抗或感抗，与频率成正比，单位是 Ω（欧姆）。

用相量来分析。设 $i = I_m \sin\omega t$，则电流的相量为 $\dot{I} = I\angle 0°$，根据式（3-12）和式（3-14）可得

$$\dot{U} = U\angle 90° = \omega L I \times j = jX_L \dot{I} \tag{3-16}$$

这就是电感电路中欧姆定律的相量形式。它既表达了电压与电流有效值之间的关系 $U = X_L I$，又表达了电压相位超前于电流相位 90°，如图 3-9（c）所示。

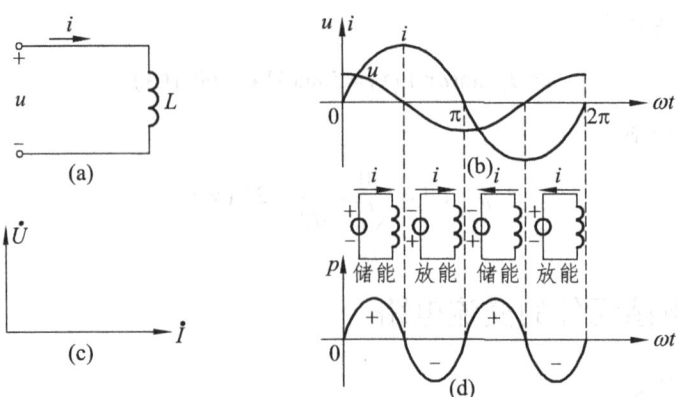

图 3-9 电感电路

2. 功率计算

（1）瞬时功率 p。

$$p = ui = U_m \sin\left(\omega t + \frac{\pi}{2}\right) \times I_m \sin\omega t = U_m I_m \sin\omega t \cos\omega t = UI\sin2\omega t$$

从图 3-9（d）电感电路中的瞬时功率曲线图中可以看到，在第一个 $\frac{1}{4}$ 周期和第三个 $\frac{1}{4}$ 周期内，电流的绝对值大小都在增加，此时功率为正，这表示线圈从电源吸取电能。并以磁场能的形式储存起来。在第二个 $\frac{1}{4}$ 周期和第四个 $\frac{1}{4}$ 周期内，电流的绝对值在减小，功率为负值。这表示线圈将储存磁场能转换为电能送回给电源。综上所述，电感线圈总是与电源不断交换能量，因而它是一个储能元件。

（2）平均功率 P。

在一周期内，纯电感线圈从电源吸收的能量与返回电源的能量相等，线圈本身并没有消耗能量，所以

$$P = \frac{1}{T}\int_0^T p\mathrm{d}t = \frac{1}{T}\int_0^T UI\sin2\omega t\mathrm{d}t = 0$$

（3）无功功率 Q_L。

储能元件中瞬时功率的振幅称为无功功率，用字母 Q_L 来表示。即

$$Q_L = UI = X_L I^2 = \frac{U^2}{X_L} \tag{3-17}$$

它反映储能元件与电源之间能量互换的规模。元件中只有能量的"吞吐"，没有能量的消耗，所以称"无功"。为了与有功功率区别，规定无功功率的单位是 var，简称乏。

【例 3-7】在电压为 220 V，频率为 50 Hz 的电力电网内，接入电感 L = 0.127 H，而电阻可忽略不计的线圈。试求线圈的感抗、线圈中电流的有效值及无功功率。

解：感抗 $X_L = 2\pi fL = 2\times 3.14\times 50\times 0.127 = 40$（Ω）

电流的有效值 $I = \dfrac{U}{X_L} = \dfrac{220}{40} = 5.5$（A）

无功功率 $Q_L = UI = 220\times 5.5 = 1210$（var）

3.3.3 纯电容元件的交流电路

1. 电压电流关系

电容器通常由两块金属板构成，且板中间充满介质（如空气、云母、绝缘纸、塑料薄膜、陶瓷等）。电容器加上电压后，两块极板上将出现等量异性电荷，并在两极板间形成电场，储存电场能。

电容器极板上储存的电量 q，与外加电压 u 成正比，即

$$q = Cu \tag{3-18}$$

式中的比例系数 C 称为电容，电容的单位是 F（法拉）、μF（微法）或 pF（皮法）。

$$1\,\text{F} = 10^6\,\text{μF} = 10^{12}\,\text{pF}$$

在正弦交流电路中，电压的大小、方向时刻在变化，使电容极板上的电荷也随之变化，电荷的变化在电路中产生了电流。电流的瞬时值即为这一时刻电容器极板上电荷的变化率。

$$i = \dfrac{\mathrm{d}q}{\mathrm{d}t} = C\dfrac{\mathrm{d}u}{\mathrm{d}t} \tag{3-19}$$

图 3-10（a）标出了电压和电流的参考方向，设 $u = U_\mathrm{m}\sin\omega t$，由式（3-19）得

$$i = \dfrac{\mathrm{d}q}{\mathrm{d}t} = C\dfrac{\mathrm{d}u}{\mathrm{d}t} = \omega CU_\mathrm{m}\sin\left(\omega t + \dfrac{\pi}{2}\right) = I_\mathrm{m}\sin\left(\omega t + \dfrac{\pi}{2}\right) \tag{3-20}$$

由式（3-20）可知

$$I_\mathrm{m} = \omega CU_\mathrm{m} \tag{3-21}$$

$$U_\mathrm{m} = \dfrac{1}{\omega C}I_\mathrm{m} = X_C I_\mathrm{m} \tag{3-22}$$

或

$$U = \dfrac{1}{\omega C}I = X_C I \tag{3-23}$$

其中

$$X_C = \dfrac{1}{\omega C} = \dfrac{1}{2\pi fC} \tag{3-24}$$

X_C 称为电容电抗，简称容抗，与频率成反比，单位是 Ω（欧姆）。

设 $u = U_m \sin \omega t$，则电压的相量为

$$\dot{U} = U \angle 0°$$

根据式（3-20）和式（3-22）可得

$$\dot{I} = I \angle 90° = \frac{U}{X_C} j = j\omega C \dot{U} \qquad (3-25)$$

或

$$\dot{U} = -jX_C \dot{I} \qquad (3-26)$$

这就是电容电路中欧姆定律的相量形式。它既表达了电压与电流有效值之间的关系 $U = X_C I$，又表达了电压相位落后于电流相位90°，如图3-10（c）所示。

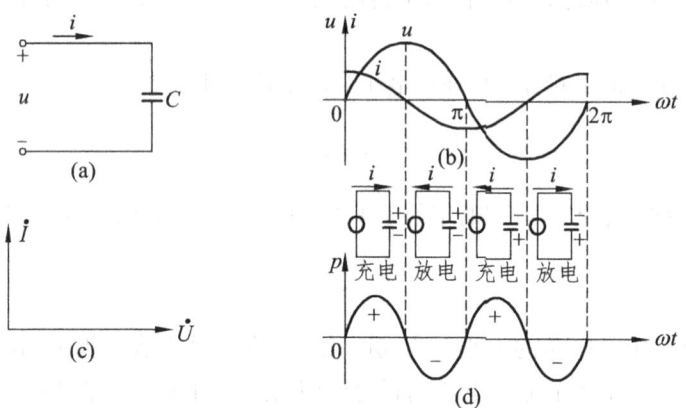

图 3-10　电容电路

2. 功率计算

（1）瞬时功率 p。

$$p = ui = U_m \sin \omega t \times I_m \sin\left(\omega t + \frac{\pi}{2}\right) = U_m I_m \sin \omega t \cos \omega t = UI \sin 2\omega t$$

从图3-10（d）电容电路的瞬时功率曲线上可以看到，在第一个 $\frac{1}{4}$ 周期和第三个 $\frac{1}{4}$ 周期内，电容上电压的绝对值在增加，电容元件充电，此时功率为正，这表示电容从电源吸收电能，并以电场能的形式储存起来。在第二个 $\frac{1}{4}$ 周期和第四个 $\frac{1}{4}$ 周期内，电容电压的绝对值在减小，功率为负值。这表示电容将储存电场能又全部返回给电源。此时电容起着一个电源的作用。综上所述，电容总是与电源不断交换能量，因而它是一个储能元件。

（2）平均功率 P。

由以上分析可知，电容元件也是不消耗功率的，平均功率也为零，$P = 0$。

（3）无功功率 Q_C。

与电感元件的无功功率相似，也定义电容元件瞬时功率最大值为它的无功功率，单位也是var。

【例 3-8】将 $C = 38.5\ \mu F$ 的电容器接到 $U = 220\ V$ 的工频电源上，求 X_C、I、Q_C。

解：$X_C = \dfrac{1}{\omega C} = \dfrac{1}{2\pi f C} = \dfrac{1}{2 \times 3.14 \times 50 \times 38.5 \times 10^{-6}} = 3.7$（Ω）

$I = \dfrac{U}{X_C} = \dfrac{220}{82.7} = 3.66$（A）

$Q_C = UI = 220 \times 2.66 = 585$（var）

3.4 电阻、电感与电容元件串联的交流电路

上节讨论了单一参数的正弦交流电路，然而，在实际电路中，不但存在电阻性元件，也存在感性及容性元件，本节将讨论电阻、电感与电容元件串联的交流电路。

图 3-11（a）为电阻、电感与电容元件串联的交流电路，电路中的电流及各个电压的参考方向如图中所示。由该图可列出 KVL 方程如下。

$$u = u_R + u_L + u_C \tag{3-27}$$

设电流 $i = I_m \sin \omega t$ 为参考正弦量，则

$$u = u_R + u_L + u_C = U_m \sin(\omega t + \varphi) \tag{3-28}$$

u 也为同频率的正弦量，其幅值为 U_m，与电流 i 之间的相位差为 φ。

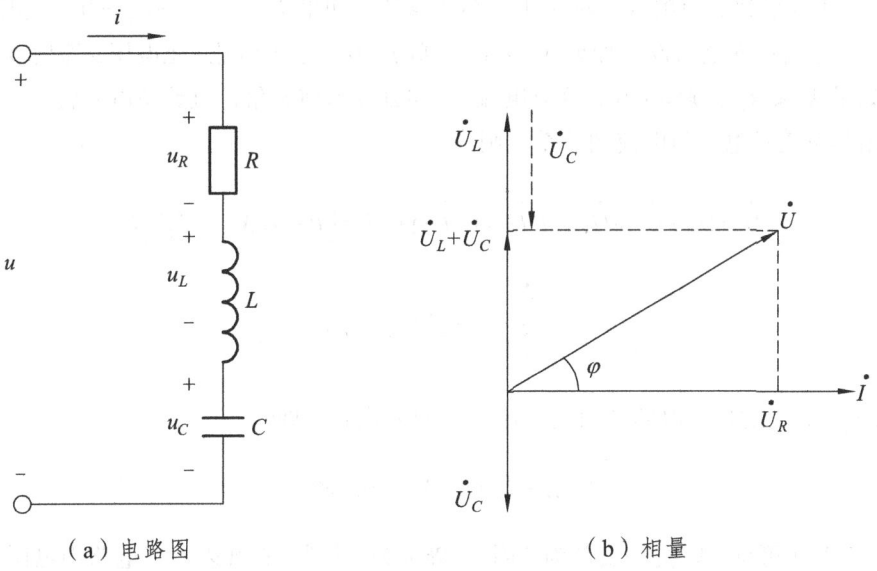

（a）电路图　　　　（b）相量

图 3-11 RLC 串联的交流电路

下面，用相量图求幅值 U_m（或有效值 U）和相位差 φ。

将电压 u_R、u_L、u_C 用相量 $\dot{U}_R$、$\dot{U}_L$、$\dot{U}_C$ 表示，则它们相加便可得到电源电压 u 的相量 $\dot{U}$，见图 3-11（b）。可见，电压相量 $\dot{U}$、$\dot{U}_R$ 及 $(\dot{U}_L+\dot{U}_C)$ 组成一直角三角形，称为电压三角形，利用这个三角形便可确定电源电压 u 的有效值 U 及相位差 φ，即

$$U = \sqrt{U_R^2 + (U_L - U_C)^2} = \sqrt{(RI)^2 + (X_L I - X_C I)^2} = I\sqrt{R^2 + (X_L - X_C)^2}$$

或写为

$$\frac{U}{I} = \sqrt{R^2 + (X_L - X_C)^2} \tag{3-29}$$

由式（3-29）可见：R、L、C 串联的交流电路中电压与电流的有效值（或幅值）之比为 $\sqrt{R^2 + (X_L - X_C)^2}$。它的单位是 Ω（欧姆），对电流起阻碍作用，称为电路的阻抗模，用 $|Z|$ 表示，即

$$|Z| = \sqrt{R^2 + (X_L - X_C)^2} = \sqrt{R^2 + \left(\omega L - \frac{1}{\omega C}\right)^2} \tag{3-30}$$

可见 $|Z|$、R、$(X_L - X_C)$ 之间也可用一个直角三角形——阻抗三角形来表示，见图 3-13。电源电压 u 和电流 i 之间的相位差 φ 为

$$\varphi = \arctan\frac{U_L - U_C}{R} = \arctan\frac{X_L - X_C}{R} \tag{3-31}$$

由式（3-31）看来，φ 的大小决定于电路的参数。如果 $X_L = X_C$，则 $\varphi = 0$，这时电流 i 与电压 u 同相，电路呈现电阻性；如果 $X_L > X_C$，则 $\varphi > 0$，这果电流 i 比电压 u 滞后 φ 角，电路呈感性；如果 $X_L < X_C$，则 $\varphi < 0$，这时电流 i 比电压 u 超前 φ 角，电路呈电容性。

如果用相量表示电压与电流的关系，则为

$$\dot{U} = \dot{U}_R + \dot{U}_L + \dot{U}_C = R\dot{I} + jX_L\dot{I} - jX_C\dot{I} = [R + j(X_L - X_C)]\dot{I}$$

或

$$\frac{\dot{U}}{\dot{I}} = R + j(X_L - X_C) \tag{3-32}$$

式中 $R + j(X_L - X_C)$ 的称为电路的阻抗，用大写的 Z 代表，即

$$Z = R + j(X_L - X_C) = |Z|e^{j\varphi} \tag{3-33}$$

由式（3-33）可见，阻抗的实部为"阻"，虚部为"抗"，它既表示了电路中电压与电流之间的大小关系（反映在阻抗的模 $|Z|$ 上），也表示了相位关系（反映在幅角 φ 上）。"阻抗"是交流电路中非常重要的一个概念，必须很好地理解掌握。用电压和电流的相量及阻抗表示的 *RLC* 串联电路如图 3-12 所示。

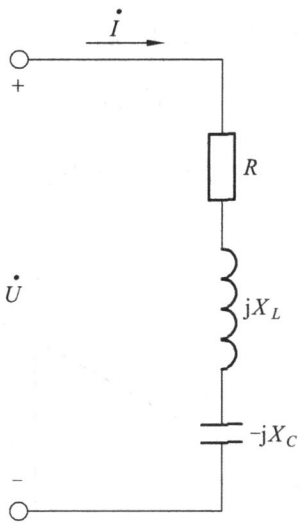

图 3-12　用相量和阻抗表示的电路

最后，RLC 串联电路中的功率问题。瞬时值 p 为

$$p = ui = U_m I_m \sin(\omega t + \varphi)\sin \omega t$$
$$= \frac{U_m I_m}{2}\left[\cos\varphi - \cos(2\omega t + \varphi)\right] = UI\cos\varphi - UI\cos(2\omega t + \varphi) \quad (3\text{-}34)$$

平均功率 P 为

$$P = \frac{1}{T}\int_0^T p\,dt = \frac{1}{T}\int_0^T \left[UI\cos\varphi - UI\cos(2\omega t + \varphi)\right]dt = UI\cos\varphi \quad (3\text{-}35)$$

在 RLC 串联电路中，电阻元件要消耗电能。电感元件与电容元件要储放能量，即它们与电源之间要进行能量互换，相应的无功功率

$$Q = U_L I - U_C I = (U_L - U_C)I = I^2(X_L - X_C) = UI\sin\varphi \quad (3\text{-}36)$$

式（3-35）、式（3-36）是计算正弦交流电路中平均功率（有功功率）和无功功率的一般公式。

由上述可知，一个交流发电机输出的功率不仅与发电机的端电压及其输出电流的有效值的乘积有关，而且还与电路（负载）的参数有关。电路所具有的参数不同，则电压 u 和电流 i 之间的相位差 φ 就不同，在相同的 U 和 I 之下，电路的有功功率和无功功率也就不同。式（3-35）中的 $\cos\varphi$ 称为功率因数。

在交流电路中，平均功率一般不等于电压与电流有效值和乘积，若将两者的有效值相乘，则得到所谓的视在功率 S，即

$$S = UI = |Z|I^2 \quad (3\text{-}37)$$

视在功率的单位是 V·A（伏·安）或 kV·A（千伏·安）。

交流电气设备是按照规定了的额定电压 U_N 和额定电流 I_N 来设计和使用的，如变压器的容量就是以额定电压和额定电流的乘积，即所谓额定视在功率 $S = U_N I_N$ 来表示的。

由式（3-35）、式（3-36）、式（3-37）可知，这三个功率之间有一定的关系，即

$$S = \sqrt{P^2 + Q^2} \qquad (3\text{-}38)$$

显然，它们也可以用一个直角形——功率三角形来表示，如图 3-13 所示。

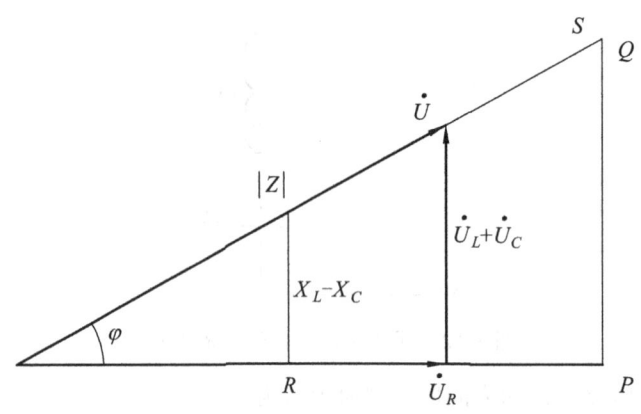

图 3-13　功率、电压、阻抗三角形

RLC 串联电路中的阻抗、电压及功率关系可以很方便地从图 3-13 来理解，引出这三个三角形的目的，主要是为了帮助分析与记忆。

【例 3-9】图 3-12（a）所示电路中，已知 $R=30\ \Omega$，$L=127\ \text{mH}$，$C=40\ \mu\text{F}$，电源电压 $u = 220\sqrt{2}\sin(314t + 20°)$ V。（1）求感抗 X_L、容抗 X_C 和阻抗模 $|Z|$；（2）确定电流的有效值 I 与瞬时值 i 的表达式；（3）确定各部分电压的有效值与瞬时值的表达式；（4）作相量图；（5）求有功功率 P 和无功功率 Q。

解：（1）$X_L = \omega L = 314 \times 127 \times 10^3 = 40\ (\Omega)$

$$X_C = \frac{1}{\omega C} = \frac{1}{314 \times 40 \times 10^{-6}} = 80\ (\Omega)$$

$$|Z| = \sqrt{R^2 + (X_L - X_C)^2} = \sqrt{30^2 + (40-80)^2} = 50\ (\Omega)$$

（2）$I = \dfrac{U}{|Z|} = \dfrac{220}{50} = 4.4\ (\text{A})$

确定瞬时值 i 的表达式需要知道 u 和 i 之间的相位差 φ。

$$\varphi = \arctan\frac{X_L - X_C}{R} = \arctan\frac{40-80}{30} = -53°$$

因为 $\varphi < 0$，所以电路呈容性，电流 i 比电压 u 超前角，故 i 的表达式为

$$i = 4.4\sqrt{2}\sin(314t + 20° + 53°) = 4.4\sqrt{2}\sin(314t + 73°)\ (\text{A})$$

（3） $U_R = RI = 30 \times 4.4 = 132$ （V）

$u_R = 132\sqrt{2}\sin(314t + 73°)$ （V）

$U_L = X_L I = 40 \times 4.4 = 176$ （V）

$u_L = 176\sqrt{2}\sin(314t + 73° + 90°) = 176\sqrt{2}\sin(314t + 163°)$ （V）

$U_C = X_C I = 80 \times 4.4 = 352$ （V）

$u_C = 352\sqrt{2}\sin(314t + 73° - 90°) = 176\sqrt{2}\sin(314t - 17°)$ （V）

（4）相量图如图 3-14 所示。

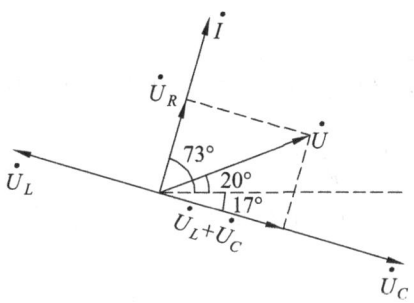

图 3-14 例 3-9 的图

（5） $P = UI\cos\varphi = 220 \times 4.4 \times \cos(-53°) = 220 \times 4.4 \times 0.6 = 580.8$ （W）

$Q = UI\sin\varphi = 220 \times 4.4 \times \sin(-53°) = 220 \times 4.4 \times (-0.8) = -774.4$ （var）（电容性）

3.5 电路中的谐振

在具有电感和电容元件的交流电路中，电路两端的电压与其中的电流一般是不同相的（$\varphi \neq 0$）。如果调节电路中的元件参数或电源的频率而使它们同相（$\varphi = 0$），这时电路中就发生谐振现象。谐振有其有利的一面，也有其不利的方面，研究谐振的目的在于认识这种客观现象，并在生产实践中充分利用谐振的特征，同时又要预防它产生的危害。谐振现象可分为串联谐振和并联谐振，下面分别讨论这两种谐振的产生条件及其特征。

3.5.1 串联谐振

在上一节已经提到，在 RLC 串联电路图 3-11（a）中，

当
$$X_L = X_C \text{ 或 } 2\pi fL = \frac{1}{2\pi fC} \tag{3-39}$$

则
$$\varphi = \arctan\frac{U_L - U_C}{R} = 0$$

即电源电压 u 与电路中的电流 i 同相。这时电路发生谐振，称为串联谐振。

1. 串联谐振的条件

式（3-39）是发生串联谐振的条件，并由此得出谐振频率

$$f = f_0 = \frac{1}{2\pi\sqrt{LC}} \tag{3-40}$$

可见，调节 L、C 或电源频率 f 都能使电路发生谐振。

2. 串联谐振的特征

（1）电路的阻抗模 $|Z| = \sqrt{R^2 + (X_L - X_C)^2} = R$，其值最小，在电源电压 U 不变的情况下，电路中电流达到最大值，即 $I = I_0 = \dfrac{U}{R}$。

图 3-15 分别画出了阻抗模 $|Z|$ 和电流 I 随频率变化时的曲线。

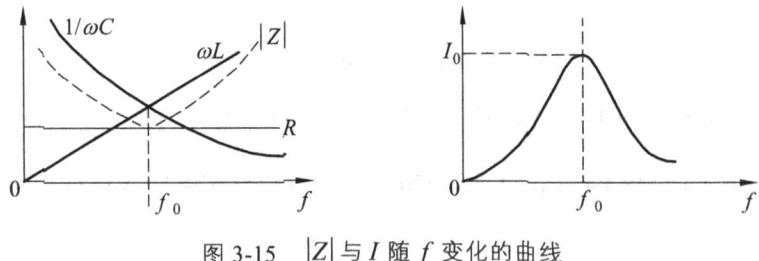

图 3-15　$|Z|$ 与 I 随 f 变化的曲线

（2）电路呈纯阻性。电源供给电路的能量全被电阻所消耗，电源与电路之间不发生能量互换。能量的互换只发生在电感线圈与电容器之间。

（3）串联谐振时，U_L 和 U_C 都高于电源电压 U，所以串联谐振也称电压谐振。通常用品质因数 Q 表示 U_C、U_L 与 U 的比值，即

$$Q = \frac{U_C}{U} = \frac{U_L}{U} = \frac{1}{w_0CR} = \frac{\omega_0 L}{R} \tag{3-41}$$

它表示在谐振时电容与电感元件上的电压是电源电压的 Q 倍。

若 U_L 或 U_C 过高，可能会击穿线圈和电容器的绝缘材料，因此，在电力工程中一般应尽力避免发生串联谐振。但在无线电工程中，常利用串联谐振进行选频，并且抑制干扰信号。

3.5.2　并联谐振

图 3-16 所示是电容器与线圈并联的电路。

电路的等效阻抗为

$$Z = \frac{\frac{1}{j\omega C}(R+j\omega L)}{\frac{1}{j\omega C}+(R+j\omega L)} = \frac{R+j\omega L}{1+j\omega RC - \omega^2 LC}$$

1. 并联谐振的条件

若图 3-16 所示的电路发生谐振，则电压 u 和电流 i 同相，即电路的等效阻抗为实数。一般在谐振时 $\omega L \gg R$，故

$$Z \approx \frac{j\omega L}{1+j\omega RC - \omega^2 LC} = \frac{1}{\frac{RC}{L}+j(\omega C - \frac{1}{\omega L})} \quad (3\text{-}42)$$

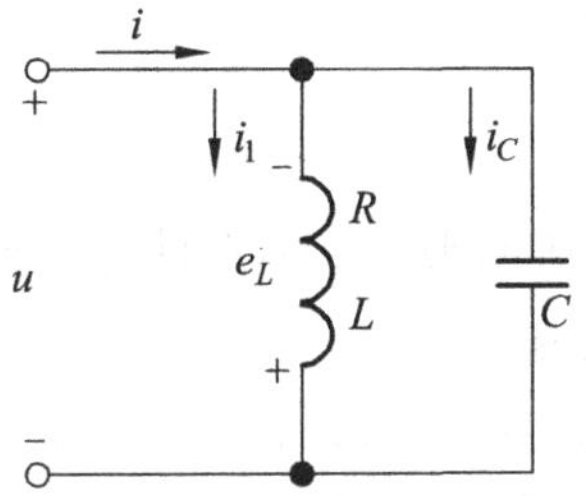

图 3-16 并联电路

发生谐振时，$\omega_0 C - \frac{1}{\omega_0 L} \approx 0$，由此得并联谐振频率

$$\omega = \omega_0 = \frac{1}{\sqrt{LC}} \quad 或 \quad f = f_0 = \frac{1}{2\pi\sqrt{LC}}$$

与串联谐振频率近似相等。

2. 并联谐振的特征

（1）由式（3-42）可知，并联谐振时电路的阻抗模 $|Z_0| = \frac{1}{\frac{RC}{L}} = \frac{L}{RC}$，其值最大，在电源电压 U 不变的情况下，电路中的电流达到最小值，即 $I = I_0 = \frac{U}{|Z_0|} = \frac{U}{\frac{L}{RC}}$。图 3-17 为阻抗模 $|Z|$ 与电流 I 的谐振曲线。

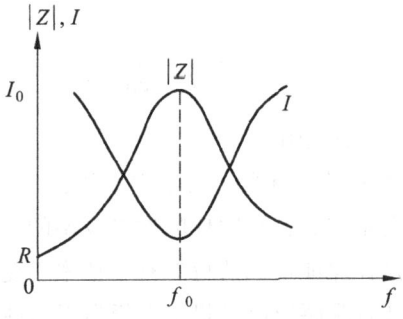

图 3-17 $|Z|$ 与 I 的谐振曲线

（2）由于 u 和 i 同相（$\varphi=0$），故电路呈纯组性。

谐振时并联支路的电流比总电流大许多倍，所以并联谐振又称电流谐振。通常用品质因数 Q 表示支路电流 I_1 或 I_C 与总电流 I_0 的比值，即

$$Q = \frac{I_1}{I_0} = \frac{I_C}{I_0} = \frac{\omega_0 L}{R} = \frac{1}{\omega_0 CR} \quad (3-43)$$

并联谐振在无线电工程和工业电子技术中也常用到，例如利用并联谐振时阻抗模高的特点进行选频或消除干扰。

3.6 功率因数的提高

直流电路的功率等于电流与电压的乘积，但在计算交流电路的平均功率时，还要考虑电压与电流间的相位差 φ，即 $P = UI\cos\varphi$。

前面已经讲过，$\cos\varphi$ 是电路的功率因数，它取决于电路（负载）参数。只有在纯电阻负载（例如白炽灯、电阻炉等）的情况下，电压和电流才同相，$\cos\varphi = 1$。对其他负载而言，$\cos\varphi$ 均介于 0 与 1 之间，电路中发生能量互换，出现无功功率，这样就引起下面两个问题。

（1）发电设备的容量不能充分利用。

若电路的因数为 $\cos\varphi$，则发电机所能输出的有功功率

$$P = U_N I_N \cos\varphi$$

功率因数愈低，发电机输出的有功功率就愈小，例如，一台发电机的容量为 75 000 kV·A，若电路的功率因数 $\cos\varphi = 1$，则发电机可输出 75 000 kW 的有功功率；若 $\cos\varphi = 0.7$，则发电机最多只能输出 75 000×0.7=52 500 kW 的有功功率，发电机输出功率的能力没有被充分利用，其中有一部分能量（无功功率）在发电机与负载之间进行互换。

（2）增加线路和发电机绕组的功率损耗。

当发电机的电压 U 和输出功率 P 一定时，电流与功率因数成反比，即 $I = \dfrac{P}{U\cos\varphi}$，而线路和发电机绕组上的功率消耗则与电流的平方成反比，即

$$\Delta P = rI^2 = \left(r\frac{P^2}{U^2}\right)\frac{1}{\cos^2\varphi}$$

式中，r 是发电机绕组和线路的等效电阻。

可见，提高功率因数有很大的经济意义，功率因数的提高，能使发电设备的容量得到充分利用，同时也能使电能得到大量节约，在同样的发电设备的条件下多发电。

提高功率因数的基本思想是在保证负载获得的有功功率不变的前提下，减小其无功功率。工业企业中用得最广泛的动力装置是感应电动机，它相当于感性负载，为了提高其功率因数，可通过在负载上并联适当的电容器来实现（设置在用户或变电所中），如图 3-18（a）所示。

在感性负载上并联了电容器以后，减少了电源与负载之间的能量互换，这时电感性负载所需的无功功率，大部分或全部都由电容器供给，即能量的互换主要或完全发生在电感性负载与电容器之间，因而使发电机容量得到充分利用。另外，由图 3-18（b）可以看出，并联电容器以后线路电流减小了（$I<I_1$），因而减小了功率损耗。

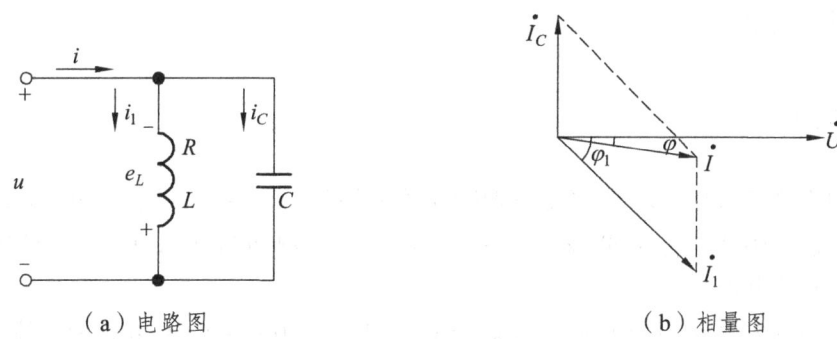

（a）电路图　　　　　　　　　（b）相量图

图 3-18　电容器与电感性负载并联以提高功率因数

【例 3-10】220 V，50 Hz 的正弦电源感性负载，感性负载的功率 $P=10$ kW，功率因数 $\cos\varphi=0.6$。为了提高功率因数，在负载两端并联一电容器。（1）如欲将功率因数提高到 $\cos\varphi=0.9$，试求负载并联的电容器的电容值；（2）比较电容器并联前后线路电流的大小；（3）如欲将功率因数从 0.9 再提高到 1，试问并联电容器的电容值还需增加多少？

解：（1）由图 3-18（b）可以看出

$$I_C = I_1 \sin\varphi_1 - I\sin\varphi = \left(\frac{P}{U\cos\phi_1}\right)\sin\varphi_1 - \left(\frac{P}{U\cos\varphi}\right)\sin\varphi = \frac{P}{U}(\tan\varphi_1 - \tan\varphi)$$

又因

$$I_C = \frac{U}{X_C} = U\omega C$$

所以

$$U\omega C = \frac{P}{U}(\tan\varphi_1 - \tan\varphi)$$

由此得到并联电容器的计算公式

$$C = \frac{P}{\omega U^2}(\tan\varphi_1 - \tan\varphi)$$

已知 $\cos\varphi=0.6$ 即 $\varphi_1=53°$，$\cos\varphi=0.9$ 即 $\varphi_1=26°$。故所需并联的电容器的电容值为

$$C = \frac{10\times 10^3}{2\pi\times 50\times 220^2}\times(\tan 53° - \tan 26°)\text{(F)} = 552\ (\mu\text{F})$$

（2）电容器并联前的线路电流为 $I_1 = \dfrac{P}{U\cos\varphi_1} = \dfrac{10\times 10^3}{220\times 0.6} = 75.8$（A）

电容器并联后的线路电流为 $I = \dfrac{P}{U\cos\varphi} = \dfrac{10\times 10^3}{220\times 0.9} = 50.5$（A）

（3）如欲将功率因数由 0.9 再提高到 1，则需要增加的电容值为

$$C = \frac{10 \times 10^3}{2\pi \times 50 \times 220^2} \times (\tan 26° - \tan 0°) \text{ (F)} \approx 321 \text{ (μF)}$$

可见在功率因数已经接近 1 时再继续提高，则所需的电容值是很大的。因此，在实际生产中，并不要求把功率因数提高到 1。功率因数提高到什么程度为宜，只能在依具体的技术经济比较之后才能决定。

课后练习

3-1 已知正弦电压的三要素为 $U_{mA} = 310 \text{ V}$，$f_A = 50 \text{ Hz}$，$\varphi_A = 0°$；$U_{mB} = 310 \text{ V}$，$f_B = 50 \text{ Hz}$，$\varphi_B = 120°$；$U_{mC} = 310 \text{ V}$，$f_C = 50 \text{ Hz}$，$\varphi_C = -90°$，试写出其瞬时值 u_A、u_B、u_C 的表达式，并在同一坐标上画出其波形图。

3-2 在高频电炉的感应圈中，通入电流 $i = 85\sin(1\,256 \times 10^3 t + 60°)$ A。试求此电流的角频率、频率、周期、最大值、有效值和初相角。

3-3 写出下列正弦电压对应的相量：

$$u_1 = 100\sqrt{2}\sin(\omega t - 30°) \text{ V}$$

$$u_2 = 220\sqrt{2}\sin(\omega t + 45°) \text{ V}$$

$$u_3 = 110\sqrt{2}\sin(\omega t + 60°) \text{ V}$$

3-4 写出下列相量对应的正弦量：

$$\dot{U}_1 = 100\angle -120° \text{ V}$$

$$\dot{U}_2 = -50\angle + j86.6 \text{ V}$$

$$\dot{U}_3 = 50\angle 45° \text{ V}$$

3-5 什么是感抗？它的大小与哪些因素有关？已知电路 $L = 20$ mH，$u = 220\sqrt{2}\sin 100\pi t$ V（1）试求感抗 X_L；（2）写出电流瞬时值表达式；（3）计算电感的无功功率 Q_L；（4）画出 $\dot{U}$、$\dot{I}$ 的相量图；（5）若电源频率增大一倍，对感抗 X_L 及电流 i 有何影响？

3-6 什么是容抗？它的大小与哪些因素有关？已知电路中电源电压 $u = 220\sqrt{2}\sin 100\pi t$，$C = 5$ μF。（1）试求容抗 X_C；（2）写出电流瞬时值的表达式；（3）计算电容的无功功率 Q_C；（4）画出 $\dot{U}$、$\dot{I}$ 的相量图。

3-7 日光灯管与镇流器接到交流电源上，可以看成是 R、L 串联电路。若已知灯管的等效电阻 $R_1 = 280$ Ω，镇流器的电阻和电感分别为 $R_2 = 20$ Ω，$L \approx 1.65$ H，电源电压 $U = 220$ V。（1）试求电路中的电流;（2）计算灯管两端与镇流器上的电压，这两个电压加起来是否等于 220 V？

3-8 电阻电容串联电路，其中 $R = 8$ Ω，$C = 167$ μF，电源电压 $u = 100\sqrt{2}\sin(1\,000t + 30°)$ V，试求电流 I 并绘出相量图。

3-9 RLC 串联电路中，已知 $R=10\ \Omega$，$X_L=5\ \Omega$，$X_C=15\ V$，电源电压 $u=200\sqrt{2}\sin(\omega t+30°)$ V，试求：（1）此电路的复阻抗 Z，并说明电路的性质；（2）电流 $\dot{I}$ 和电压 $\dot{U}_R$、$\dot{U}_L$、$\dot{U}_C$；（3）绘制电压、电流相量图。

3-10 RLC 串联电路中，已知 $R=30\ \Omega$，$X_L=40$ mH，$X_C=40$ μF，$\omega=1\ 000$ rad/s，$\dot{U}_L=10\angle 0°$ V，试求：（1）电路的复阻抗 Z；（2）电流 $\dot{I}$ 和电压 $\dot{U}_R$、$\dot{U}_C$、$\dot{U}$；（3）绘制电压、电流相量图。

3-11 RLC 串联电路中，已知 $R=10\ \Omega$，$X_L=15\ \Omega$，$X_C=5\ \Omega$，其中电流 $\dot{I}=2\angle 30°$ A，试求：（1）总电压 $\dot{U}$；（2）功率因数 $\cos\varphi$；（3）该电路的功率 P、Q、S。

第 4 章　三相交流电路

目前，动力方面使用的交流电，几乎都是所谓三相制，日常生活用电也是取自三相制中的一相，三相交流电应用十分广泛。

三相交流电路是由三相电源供电的电路，三相电源是产生三个频率相同，但变动进程不同的正弦电压的电源。由三相电源、三相负载和三相输电线路组成的电路称为三相电路。

4.1　三相交流电源

由三个幅值相等、频率相同、相位互差 120° 的单相交流电源所构成的电源称为三相电源。由三相电源构成的电路称为三相交流电路。目前，发电厂均以三相交流电方式向用户供电。遇到单相负载时，可以使用三相中的任一相。

三相交流电源一般来自三相交流发电机或变压器副边的三相绕组。三相交流发电机的基本原理如图 4-1 所示。

发电机的固定部分称为定子，其铁心的内圆周表面冲有沟槽，放置结构完全相同的三相绕组 U_1U_2、V_1V_2、W_1W_2。它们的空间位置互差 120°，分别称为 U 相、V 相、W 相。引出线 L_1、L_2、L_3 对应 U_1、V_1、W_1 为三个绕组的始端，U_2、V_2、W_2 为绕组的末端。

转动的磁极称为转子。转子铁心上绕有直流励磁绕组。当转子被原动机拖动做匀速转动时，三相定子绕组切割转子磁场而产生三相交流电动势。

若将三个绕组的末端 U_2、V_2、W_2 连在一起引出一根连线称为中性线 N（中性线接地时又称为零线），三个绕组的始端 U_1、V_1、W_1 分别引出称为端线（中性线接地时又称为火线），这种连接称为电源的星形连接。如图 4-2 所示。

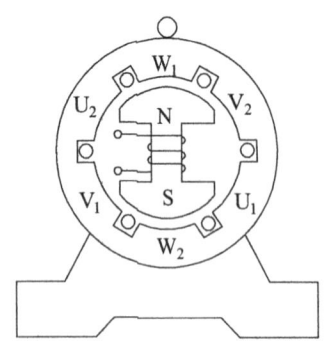

图 4-1　三相交流发电机原理图

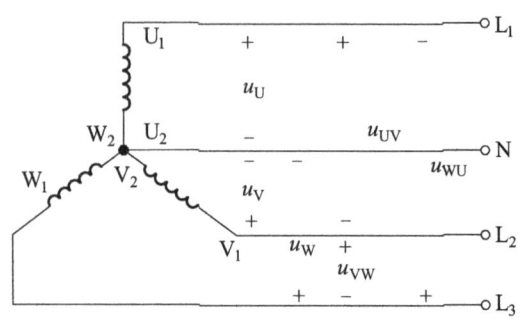

图 4-2　电源的星形连接

由三根端线和一根中性线所组成的供电方式称为三相四线制。只用三根端线组成的供电方式称为三相三线制。

电源每相绕组两端的电压称为电源相电压。参考方向规定为从绕组始端指向末端，分别用 u_U、u_V、u_W 表示。其有效值用 U_P 表示。

三相电源相电压的瞬时值表达式为

$$u_U = \sqrt{2}U_P \sin \omega t \qquad (4\text{-}1)$$

$$u_V = \sqrt{2}U_P \sin(\omega t - 120°)$$

$$u_W = \sqrt{2}U_P \sin(\omega t - 240°) = \sqrt{2}U_P \sin(\omega t + 120°)$$

其波形图和相量图如图 4-3 所示。

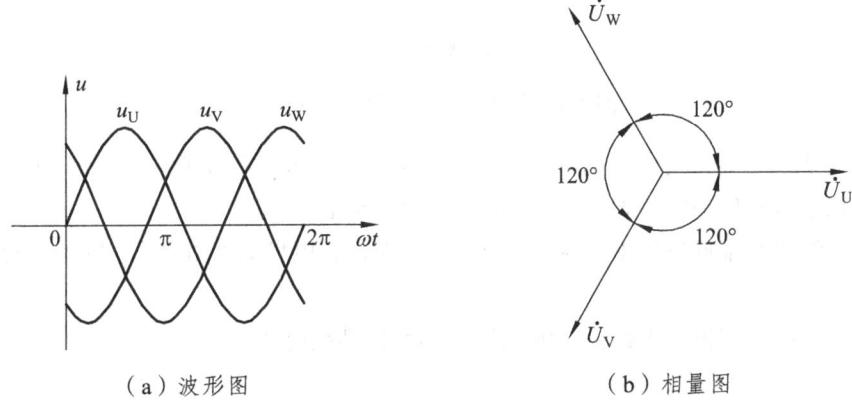

(a) 波形图　　　　　　　　(b) 相量图

图 4-3　三相电源相电压的波形图和相量图

电源任意两根端线之间的电压称为线电压，分别用 u_{UV}、u_{VW}、u_{WU} 表示。其中的下标字母 UV、VW、WU 即为各电压的参考方向。线电压和相电压之间的关系如下。

$$\left. \begin{array}{l} u_{UV} = u_U - u_V \\ u_{VW} = u_V - u_W \\ u_{WU} = u_W - u_U \end{array} \right\} \qquad (4\text{-}2)$$

或用相量表示为

$$\left. \begin{array}{l} \dot{U}_{UV} = \dot{U}_U - \dot{U}_V \\ \dot{U}_{VW} = \dot{U}_V - \dot{U}_W \\ \dot{U}_{WU} = \dot{U}_W - \dot{U}_U \end{array} \right\} \qquad (4\text{-}3)$$

用相量法进行计算得到三个线电压也是对称三相电压。

如图 4-4 所示。设 U_L 表示线电压的有效值，从相量图上可以看出

$$\frac{1}{2}U_L = U_P \cos 30° = \frac{\sqrt{3}}{2}U_P$$

即
$$U_L = \sqrt{3} U_P \tag{4-4}$$

则有
$$\left. \begin{aligned} u_{UV} &= U_L \sin(\omega t + 30°) = \sqrt{3} U_P \sin(\omega t + 30°) \\ u_{VW} &= U_L \sin(\omega t - 90°) = \sqrt{3} U_P \sin(\omega t - 90°) \\ u_{WU} &= U_L \sin(\omega t + 150°) = \sqrt{3} U_P \sin(\omega t + 150°) \end{aligned} \right\} \tag{4-5}$$

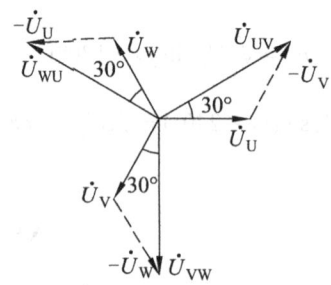

图 4-4 相电压与线电压的相量图

式（4-5）表明，三个线电压的有效值相等，均为相电压的有效值的 $\sqrt{3}$ 倍。线电压的相位超前对应的相电压相位 30°。线电压、相电压均为三相电压。

通常的三线四线制低压供电系统线电压为 380 V，相电压为 220 V，可以提供两种电压供负载使用。

一般常提到的三相供电系统的电源电压，都是指其线电压。

4.2 三相负载的连接

三相负载有两种连接方式：星形（Y）和三角形（△）连接。

若负载所需的电压是电源的相电压，像电照明负载、家用电器等，应当将负载接到端线与中线之间。当负载数量较多时，应当尽量平均分配到三相电源上，使三相电源得到均衡的利用，这就构成了负载的星形连接。如图 4-5（a）所示。

若负载所需的电压是电源的线电压，像电焊机、功率较大的电炉等，应当将负载接到端线与端线之间。当负载数量较多时，应当尽量平均分配到三相电源上，这就构成了负载的三角形连接。如图 4-5（b）所示。

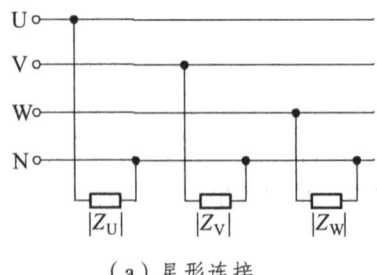
（a）星形连接

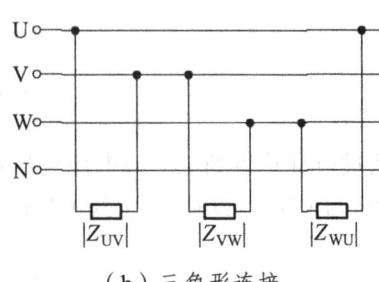
（b）三角形连接

图 4-5 负载的星形、三角形连接

若三相电源上接入的负载完全相同，即阻抗值相同、阻抗角相等的负载，称为三相对称负载。像三相电动机、三相变压器等，它们均有三个完全相同的绕组。

4.2.1 负载的星形连接

图 4-6 为三相负载的星形连接。每相负载两端的电压是电源的相电压，每相负载中的电流称为相电流 I_P（I_{UN}、I_{VN}、I_{WN}）；每根端线上的电流称为线电流 I_L（I_U、I_V、I_W）；中线上的电流称为线电流 I_0。

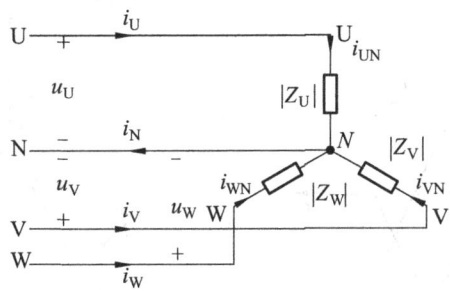

图 4-6 负载的星形连接

由图 4-6 可得各相负载电流的有效值为

$$\left. \begin{array}{l} I_{UN} = \dfrac{U_{UN}}{|Z_U|} \\ I_{VN} = \dfrac{U_{VN}}{|Z_V|} \\ I_{WN} = \dfrac{U_{WN}}{|Z_W|} \end{array} \right\} \quad (4\text{-}6)$$

各端线电流等于对应的各相电流

$$\left. \begin{array}{l} I_U = I_{UN} \\ I_V = I_{VN} \\ I_W = I_{WN} \end{array} \right\} \quad (4\text{-}7)$$

根据基尔霍夫定律得中线电流

$$i_N = i_{UN} + i_{VN} + i_{WN} = i_U + i_V + i_W \quad (4\text{-}8)$$

$$\dot{I}_N = \dot{I}_U + \dot{I}_V + \dot{I}_W \quad (4\text{-}9)$$

下面分两种情况讨论。

1. 对称三相负载

阻抗值相等、阻抗角相等且为同性质的负载即为三相对称负载。

$$|Z_U| = |Z_V| = |Z_W| = |Z_P| \tag{4-10}$$

$$\varphi_U = \varphi_V = \varphi_W = \varphi_P \tag{4-11}$$

$$I_{UN} = I_{VN} = I_{WN} = I_P \tag{4-12}$$

各相电流大小相等,相位依次互差120°。其电流瞬时值代数和、相量和均为零(见图4-7),中线电流为零。

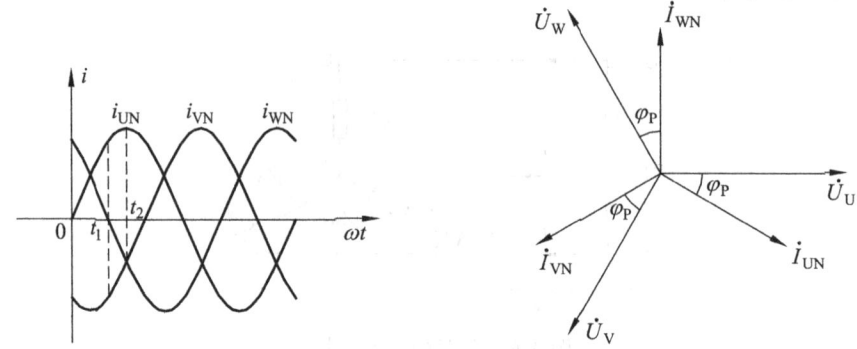

图 4-7 对称三相负载星形连接时电流的波形图及相量图

$$i_N = i_{UN} + i_{VN} + i_{WN} = 0 \tag{4-13}$$

$$\dot{I}_N = \dot{I}_{UN} + \dot{I}_{VN} + \dot{I}_{WN} = 0 \tag{4-14}$$

因此,星形连接的三相对称负载,中性线可以省去,采用三相三线制供电。低压供电系统中的动力负载(电动机)就采用这样的供电方式。

2. 不对称三相负载

三相负载不对称时,中性线电流不为零,中性线不能省去,一定采用三相四线制供电。

中性线的存在,保证了每相负载两端的电压是电源的相电压,保证了三相负载能独立正常工作。各相负载有变化时都不会影响到其他相。如果中性线断开,中性线电流被切断,各相负载两端的电压会根据各相负载阻抗值的大小重新分配。有的相可能低于额定电压使负载不能正常工作;有的相可能高于额定电压以至将用电设备损坏,这是绝不允许的。因此,中性线决不能断开,在中性线上不能安装开关、熔断器等装置。

4.2.2 负载的三角形连接

图4-8为负载的三角形连接。每相负载两端的电压都是电源的线电压。各负载中流过的电流为负载的相电流。其有效值为

$$I_{UV} = \frac{U_{UV}}{|Z_{UV}|} \\ I_{VW} = \frac{U_{VW}}{|Z_{VW}|} \\ I_{WU} = \frac{U_{WU}}{|Z_{WU}|}\Biggr\} \quad (4\text{-}15)$$

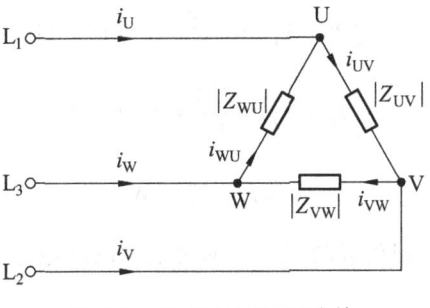

图 4-8 负载的三角形连接

由基尔霍夫定律可确定各端线电流与各相电流的关系为

$$\dot{I}_U = \dot{I}_{UV} - \dot{I}_{WU} \\ \dot{I}_V = \dot{I}_{VW} - \dot{I}_{UV} \\ \dot{I}_W = \dot{I}_{WU} - \dot{I}_{VW}\Biggr\} \quad (4\text{-}16)$$

假设三相负载为感性负载，每相负载上的电流均滞后对应的电压 φ 角，由图 4-9 可做出各相电流及各线电流。

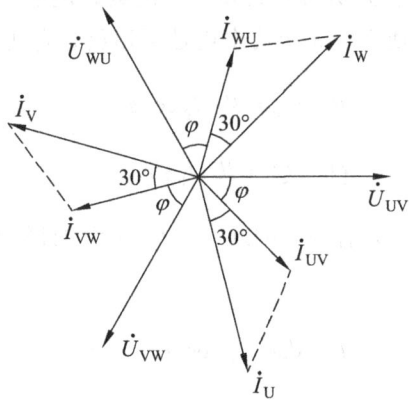

图 4-9 三相对称感性负载三角形连接时各相电流及各线电流的相量图

由相量图可知，三个相电流、三个线电流均为数值相等、相位互差 120° 的三相对称电流，可以证明，线电流等于 $\sqrt{3}$ 倍的相电流。即

$$I_L = \sqrt{3} I_P$$

【例 4-1】三相对称负载，每相 $R = 6\,\Omega$，$X_L = 8\,\Omega$，接到 $U_L = 380\text{ V}$ 的三相四线制电源上，试分别计算负载作星形、三角形连接时的相电流、线电流。

解：负载作星形连接时，每相负载两端承受的是电源的相电压，即

$$U_{UN} = U_{VN} = U_{WN} = U_P = 220 \text{ （V）}$$

每相负载的阻抗值 $\quad |Z| = \sqrt{R^2 + X_L^2} = \sqrt{6^2 + 8^2} = 10 \text{ （}\Omega\text{）}$

相电流 $\quad I_P = \dfrac{U_P}{|Z|} = \dfrac{220}{10} = 22 \text{ （A）}$

线电流等于相电流 $\quad I_L = I_P = 22 \text{ （A）}$

负载作三角形连接时，每相负载两端承受的是电源的线电压，即

$$U_{UV} = U_{VW} = U_{WU} = U_L = 380 \text{ （V）}$$

相电流 $\quad I_P = \dfrac{U_L}{|Z|} = \dfrac{380}{10} = 38 \text{ （A）}$

线电流等于 $\sqrt{3}$ 倍的相电流，即 $\quad I_L = \sqrt{3} I_P = \sqrt{3} \times 38 = 66 \text{ （A）}$

4.3 三相电路的功率

三相交流电路可以看成是三个单相交流电路的组合，因此，三相交流电路的有功功率、无功功率为各相电路有功功率、无功功率之和，无论负载是星形连接还是三角形连接，当三相负载对称时，电路总的有功功率、无功功率均是每相负载有功功率、无功功率的 3 倍。即

$$P = 3P_P = 3U_P I_P \cos\varphi \tag{4-17}$$

$$Q = 3Q_P = 3U_P I_P \sin\varphi \tag{4-18}$$

在实际中，线电流的测量比较容易，因此，三相功率的计算常用线电流 I_L、线电压 U_L 表示，有

$$P = \sqrt{3} U_L I_L \cos\varphi \tag{4-19}$$

$$Q = \sqrt{3} U_L I_L \sin\varphi \tag{4-20}$$

而视在功率

$$S = \sqrt{P^2 + Q^2} = \sqrt{3} U_L I_L \tag{4-21}$$

【例 4-2】计算出例 4-1 中负载作星形、三角形连接时的有功功率、无功功率、视在功率。

解：负载星形连接时，

$$I_L = I_P = 22 \text{ (A)} \quad U_L = \sqrt{3}U_P = 380 \text{ (V)}$$

$$\cos\varphi = \frac{R}{|Z|} = \frac{6}{10} = 0.6 \quad \sin\varphi = \frac{X_L}{|Z|} = \frac{8}{10} = 0.8$$

$$P = \sqrt{3}U_L I_L \cos\varphi = \sqrt{3} \times 380 \times 22 \times 0.6 \text{ (W)} = 8\,677 \text{ (W)} \approx 8.7 \text{ (kW)}$$

$$Q = \sqrt{3}U_L I_L \sin\varphi = \sqrt{3} \times 380 \times 22 \times 0.8 = 11\,570 \text{ (var)} \approx 11.6 \text{ (kvar)}$$

$$S = \sqrt{P^2 + Q^2} = \sqrt{3}U_L I_L = \sqrt{3} \times 380 \times 22 = 14\,463 \text{ (V·A)} \approx 14.5 \text{ (kV·A)}$$

负载三角形连接时，

$$I_L = 66 \text{ (A)} \quad U_L = 380 \text{ (V)}$$

$$P = \sqrt{3}U_L I_L \cos\varphi = \sqrt{3} \times 380 \times 66 \times 0.6 = 26\,033 \text{ (W)} \approx 26 \text{ (kW)}$$

$$Q = \sqrt{3}U_L I_L \sin\varphi = \sqrt{3} \times 380 \times 66 \times 0.8 = 34\,710 \text{ (var)} \approx 34.7 \text{ (kvar)}$$

$$S = \sqrt{P^2 + Q^2} = \sqrt{3}U_L I_L = \sqrt{3} \times 380 \times 66 = 43\,388 \text{ (V·A)} \approx 43 \text{ (kV·A)}$$

课后练习

4-1 三相交流电源作星形连接，若其相电压为 220V，线电压为多少？若线电压为 220 V，相电压为多少？

4-2 根据三相交流电源相电压与线电压的关系，若已知线电压，试写出线电压与相电压的表达式。

4-3 指出下列各结论中哪个是正确的？哪个是错误的？为什么？

（1）同一台发电机作星形连接时的线电压等于作三角形连接时的线电压。

（2）当负载作星形连接时必须有中线。

（3）凡负载作三角形连接时，线电流必等于相电流的 $\sqrt{3}$ 倍。

（4）当三相负载越接近对称时，中性线电流就越小。

（5）负载作星形连接时，线电流必等于相电流。

（6）三相对称负载作星形或三角形连接时，其总功率均为 $P = \sqrt{3}U_L I_L \cos\phi$。

4-4 星形连接的对称三相负载，每相阻抗 $Z=16+j12$ Ω，接于线电压为 380 V 的对称三相电源，试求线电流、有功功率、无功功率和视在功率。

4-5 对称三相电阻炉作三角形连接，每相电阻 $R=38$ Ω，接于线电压为 380 V 的对称三相电源，试求负载相电流、线电流和三相功率 P，并画出各电压电流相量图。

4-6 某三相电阻炉，每相电阻均为 $R=10$ Ω，额定电压为 380 V。三相电源线电压为

380 V，求：

（1）当电炉接成三角形时，相电流、线电流及总有功功率各是多少？

（2）为调节炉温，将三相电炉中的一相断开，这时各相电流、线电流及总有功功率各是多少？

（3）在同一电源上把电炉丝接成星形，那么各相电流、线电流及总有功功率又各是多少？

4-7 有一台三相异步电动机，其三相绕组作三角形连接，接于线电压为 380 V 的供电线路上，已知电动机的输出功率 P_2=20 kW、效率 $\eta = 0.85$、功率因数为 0.75，求供电线路上的线电流和电动机绕组的相电流（效率 $\eta = \dfrac{P_2}{P_1}$，P_1 为输入电动机的电功率）。

第 5 章　磁路及变压器

本章的主要任务是了解磁路的基本知识，铁磁材料主要特性、分类及磁路欧姆定律；了解变压器的基本结构、工作原理及主要参数；掌握变压器变换电压、变换电流、变换阻抗的作用；了解几种特殊用途变压器的特点及应用。

5.1　磁路的基本知识

在工程实践中，广泛地应用着机电能量变换的器件和设备，如电动机、变压器及电工仪表等，它们都是利用电磁现象的规律制成的。因此，研究磁与电之间的关系，掌握磁路十分有用。

磁路问题是局限于一定路径内的磁场问题，因此磁场的各个基本物理量也适用于磁路。

5.1.1　磁路的概念

磁路就是磁通的路径。磁路实质上是局限在一定路径内的磁场。工程上为了得到较强的磁场并有效地加以运用，常采用导磁性能良好的铁磁物质作成一定形状的铁心，以便使磁场集中分布于由铁心构成的闭合路径内，这种磁场通路才是我们要分析的磁路。很多电工设备，如变压器、电机、电器和电工仪表等，在工作时都要有磁场参与作用。常见的磁路如图 5-1 所示，磁路中的磁通由励磁线圈中的励磁电流产生，经过铁心和空气隙而闭合，如图 5-1（a）、（b）；也可由永久磁铁产生，如图 5-1（c）。磁路中可以有空气隙，如图 5-1（b）、（c）；也可以没有空气隙，如图 5-1（a）。

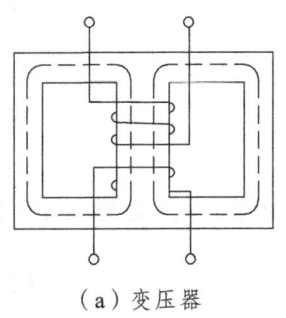
（a）变压器

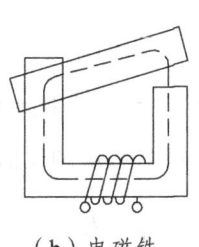
（b）电磁铁

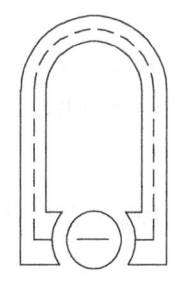
（c）磁电式电表

图 5-1　常见电气设备的磁路

5.1.2 磁场的主要物理量

表示磁场特性的主要物理量包括磁感应强度、磁通、磁场强度和磁导率。

1. 磁场强度

磁场强度 H 是一个用来确定磁场与电流之间关系的矢量，满足安培环流定律：

$$\oint H \mathrm{d}l = \sum NI \tag{5-1}$$

其中 N 为线圈匝数，l 为磁路的平均长度；在国际单位制中，磁场强度的单位是 A/m（安每米）。

2. 磁感应强度

磁感应强度 B 是一个表示磁场内某点的磁场强弱和方向的矢量，其方向可用小磁针 N 极在磁场中某点的指向确定，磁针 N 极的指向就是磁场的方向。在磁场中某点放一个长度为 l，电流为 I 并与磁场方向垂直的导体，如果导体所受的电磁力为 F，则该点磁感应强度的量值为 $B = \dfrac{F}{lI}$。在国际单位制中，磁感应强度的单位为 T（特斯拉）。如果磁场内各点的磁感应强度大小相等、方向相同，这样的磁场称为均匀磁场。

3. 磁通

在均匀磁场中，若垂直于磁场方向的面积为 S，则通过该面积的磁通

$$\Phi = BS \text{ 或 } B = \frac{\Phi}{S} \tag{5-2}$$

式中 B 为磁感应强度，又称为磁通密度。在国际单位制中，磁通的单位是 V·s（伏·秒），通常称为 Wb（韦伯）。

4. 磁导率

处在磁场中的任何物质均会或多或少地影响磁场的强弱，影响的程度则与该物质的导磁性能有关。磁导率 μ 与磁场强度的乘积就等于磁感应强度，即

$$B = \mu H \tag{5-3}$$

磁导率 μ 的国际单位制单位为 H/m（亨每米）。

通过实验可测出，真空的磁导率

$$\mu_0 = 4\pi \times 10^{-7} \text{ (H/m)}$$

任意一种物质的磁导率 μ 与真空的磁导率 μ_0 的比值，称为该物质的相对磁导率 μ_r，即

$$\mu_r = \frac{\mu}{\mu_0} \tag{5-4}$$

非磁性材料中 $\mu \approx \mu_0$，即 $\mu_r \approx 1$，磁性材料中 $\mu \gg \mu_0$，即 $\mu_r \gg 1$。

5.1.3 铁磁材料

磁性材料的相对磁导率很大，具有高导磁、磁饱和以及磁滞等磁性能，是制造电机、变压器和电器设备铁心的主要材料。

1. 高导磁性

铁磁材料被放入磁场内，其内部的磁感应强度大大增强，即铁磁材料受到强烈的磁化，其导磁率很高（μ 可达 $10^2 \sim 10^4$ 数量级）。磁感应强度 B 随磁场强度 H 变化的曲线为磁化曲线，如图 5-2 所示。可见磁化曲线是非线性曲线，所以铁磁性物质的 μ 不是常数。

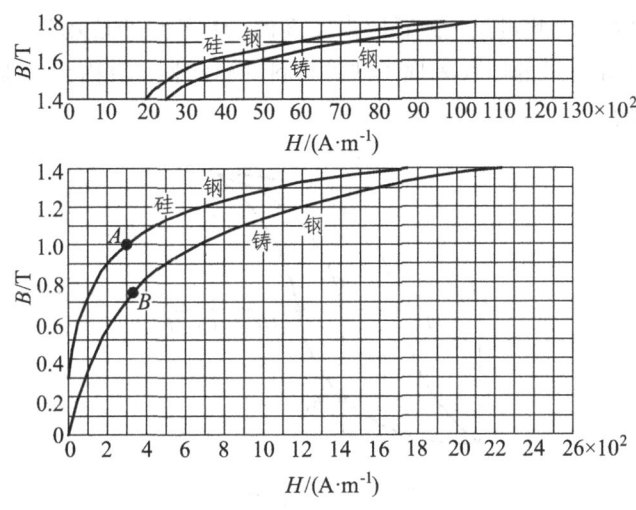

图 5-2 磁化曲线

2. 磁饱和性

铁磁材料的磁饱和性体现在因磁化所产生的磁感应强度 B_J 不会随外磁场的增强而无限地增强。当外磁场（或励磁电流）增大到一定值时，其内部所有的磁畴已基本上转向与外磁场一致的方向。因而，当外部磁场再增大时，其磁化磁感应强度 B_J 不再继续增加，如图 5-3 所示。

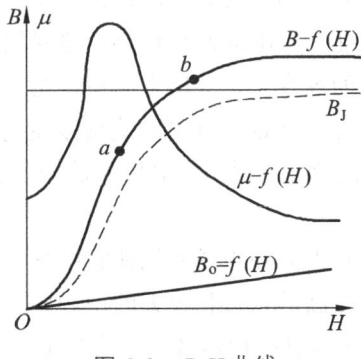

图 5-3 B-H 曲线

从图 5-3 所示铁磁材料的磁化曲线 $B = f(H)$ 可知，该曲线经过原点，在 oa 段，B 随 H 近似线性增加；在 ab 段，B 增长趋势缓慢下来；b 点以后，B 增加的很少，达到饱和状态。由于铁磁材料的磁化率不是常数，B 和 H 的关系是非线性的，无法用准确的数学表达式表示，只能用 B-H 曲线（即磁化曲线）表示。图 5-2 为使用实验方法，在反复磁化的情况下测得的几种常见铁磁材料的磁化曲线。

3. 磁滞性

磁滞性表现在铁磁材料在交变磁场中反复磁化时，磁感应强度的变化滞后于磁场强度的变化。当铁磁材料被磁化，磁场强度 H 由零增加到某值（$H = +H_m$）后，如果再减少 H，此时 B 并不沿着原来的曲线返回，而是沿着位于其上部的另一条曲线减弱，如图 5-4 所示。当 $H = 0$ 时，$B = B_r$，B_r 称为剩磁感应强度，简称剩磁。只有当 H 反方向变化到 $-H_c$ 时，B 才下降到零，H_c 称为矫顽力。由此可见，磁感应强度 B 的变化滞后于磁场强度 H 的变化，这种现象称为磁滞现象。图 5-4 所示的回线表现了铁磁材料的磁滞性，故称为磁滞回线。磁滞性是由于分子热运动所产生的。

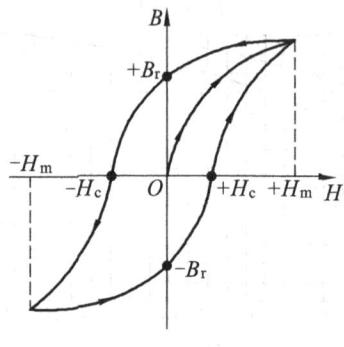

图 5-4　磁滞回线

4. 铁磁性物质的分类和用途

依据各种铁磁材料具有不同的磁滞回线，其剩磁及矫顽力各不相同的特性，磁性材料通常可以分成三种类型，各具有不同的用途。

（1）软磁材料。

软磁材料比较容易磁化，当外磁场消失后，磁性大都消失。反映在磁滞回线上是剩磁和矫顽磁力均较小，磁滞回线窄而陡，包围的面积较小，磁滞损耗小，磁导率高。软磁材料适用于交变磁场或要求剩磁特别小的场合。一般用来制造电机、变压器和各种电器的铁心，如灵敏继电器、接触器、磁放大器等。软磁材料中的铁氧体在电子技术中应用很广泛，例如做计算机的磁心、磁鼓及录音设备的磁带、磁头、高频磁路中的铁心、滤波器、脉冲变压器等。

（2）硬磁材料。

硬磁材料的特点是，必须用较强的外磁场才能使它磁化，但是一经磁后，能保留很大的剩磁。反映在磁滞回线上是具有较高的剩磁和较大的矫顽磁力，磁滞回线较宽。硬磁材料适用于制造永久磁铁及磁电式仪表和各种扬声器及小型直流电机中的永磁铁心等。

（3）矩磁材料。

该种铁磁性物质具有较小的矫顽磁力和较大的剩磁，磁滞回线接近矩形，所以又称之为矩磁材料。该种材料稳定性良好且易于迅速翻转。矩磁材料常用来制造计算机和控制系统中的记忆元件和逻辑元件,其磁滞回线接近矩形(见图 5-5)。

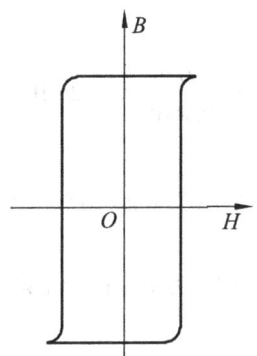

图 5-5 矩磁材料的磁滞回线

5.1.4 磁路欧姆定律

图 5-6 为绕有线圈的铁心,当线圈中通入电流 I 时,在铁心中就会有磁通 Φ 通过。实验可知,铁心中的磁通 Φ 与通过线圈的电流 I、线圈匝数 N 以及磁路的截面积 S 成正比,与磁路的长度 l 成反比,还与磁导率 μ 成正比,即

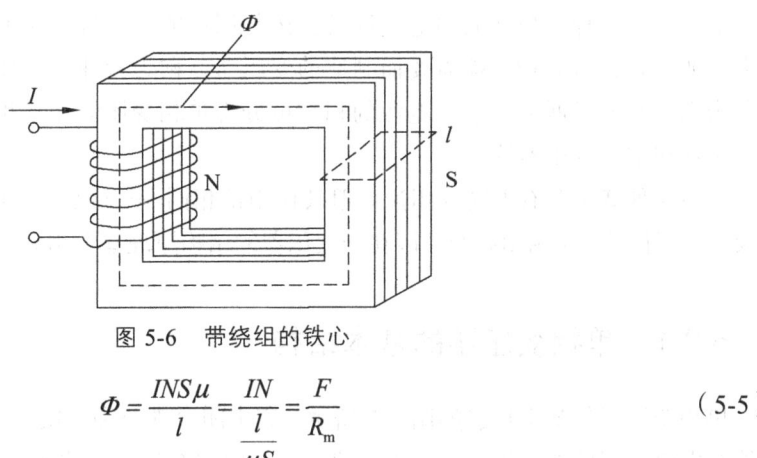

图 5-6 带绕组的铁心

$$\Phi = \frac{INS\mu}{l} = \frac{IN}{\dfrac{l}{\mu S}} = \frac{F}{R_\mathrm{m}} \tag{5-5}$$

式中 $F = IN$ 称为磁动势,由此而产生磁通;$R_\mathrm{m} = \dfrac{l}{\mu S}$ 称为磁阻,是表示磁路对磁通具有阻碍作用的物理量。式 5-5 可以与电路中的欧姆定律($I = \dfrac{U}{R}$)对应,因而称为磁路欧姆定律。

【**例 5-1**】有一环行铁心线圈,其内径为 10 cm,外径为 15 cm,铁心材料为铸铁。磁路中含有一空气隙,其长度等于 0.2 cm。设线圈中通有 1 A 的电流,如要得到 0.9 T 的磁感应强度,试求线圈师数。

解:磁路的平均长度为

$$l = \left(\frac{10+15}{2}\right)\pi = 39.3 \,(\mathrm{cm})$$

从磁化曲线查出,当 $B = 0.9\,\mathrm{T}$ 时,$H_l = 500\,\mathrm{A/m}$,所以铸钢的磁压降为

$$H_1l_1 = 500\times(39.2-0.2)\times10^{-2} = 195.5\,(\text{A})$$

空气隙中的磁场强度为

$$H_0 = \frac{B_0}{\mu_0} = \frac{0.9}{4\pi\times10^{-7}} = 7.2\times10^5\,(\text{A/m})$$

所以

$$H_0l_0 = 7.2\times10^5\times0.2\times10^{-2} = 1\,440\,(\text{A})$$

总磁动势为

$$NI = \Sigma(HI) = H_1l_1 + H_0l_0 = 195 + 1\,440 = 1\,635\,(\text{A})$$

线圈匝数为

$$N = \frac{NI}{I} = \frac{1\,635}{1} = 1\,635$$

可见,当磁路中含有空气隙时,由于其磁阻较大,磁动势差不多都用在空气隙上面。

5.2 单相变压器

变压器是一种十分常见的电气设备。按其用途的不同可分为电力变压器和特殊变压器两大类。如果是针对某种特殊需要而制造的变压器,称为特殊变压器。变压器根据铁心结构,可分为壳式和心式两种;根据电源的相数可分为单相变压器和三相变压器;按冷却方式分油冷变压器和空气变压器等。

上述各种变压器有不同的用途。但其作用都相同——改变交流电压、交流电流、交换阻抗以及改变相位等。作用相同的原因在于变压器的结构原理基本相同。本节重点学习单相变压器。

5.2.1 单相变压器的基本结构

单相变压器的基本构造如图 5-7 所示。它由闭合铁心和一次、二次绕组等组成。为了减少磁滞和涡流引起的能量损耗,变压器的铁心一般用 0.35 mm 或 0.5 mm 厚的硅钢片叠成,叠片间互相绝缘。

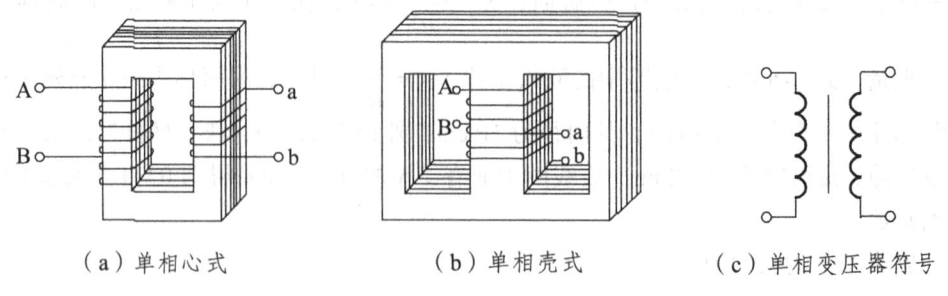

(a) 单相心式　　(b) 单相壳式　　(c) 单相变压器符号

图 5-7　单相变压器的基本构造

工作时,连接电源的线圈称为一次绕组,匝数用 N_1 表示;连接负载的线圈称为二次绕组,匝数用 N_2 表示。

5.2.2 变压器的工作原理

1. 压器的空载运行

若变压器一次绕组接交流电压 u_1,而副绕组开路($i_2=0$),则该状态称为变压器的空载运行。这时一次绕组通过的电流为空载电流 i_0。如图 5-8 所示,图中各电量的正方向按照关联方向标定。电流 i_0 在磁路中变化,产生交变主磁通 Φ,引起一次、二次绕组中产生感应电压 e_1 和 e_2。

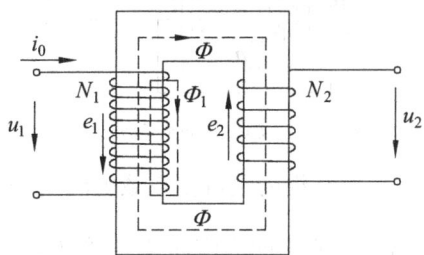

图 5-8 变压器空载运行

设主磁通 $\Phi = \Phi_m \sin\omega t$,根据推导,$e_1$ 和 e_2 的有效值分别为

$$E_1 = \frac{E_{m1}}{\sqrt{2}} = 4.44 f N_1 \Phi_m \tag{5-6}$$

$$E_2 = 4.44 f N_2 \Phi_m \tag{5-7}$$

如果忽略一次绕组中的阻抗不计,则

$$U_1 \approx E_1 \quad U_{20} \approx E_2$$

即

$$\left.\begin{array}{l} U_1 = 4.44 f N_1 \Phi_m \\ U_{20} = 4.44 f N_2 \Phi_m \end{array}\right\} \tag{5-8}$$

由式(5-8)可以看出,只要电源电压不变,铁心中的主要磁通最大值 Φ_m 也不变。

由上式可得

$$\frac{U_1}{U_{20}} = \frac{N_1}{N_2} = k \tag{5-9}$$

其中 $k = \dfrac{N_1}{N_2}$,称为变压器的电压比,也是一次绕组与二次绕组之间的匝数比。可见变压器有电压变换作用。

【例 5-2】 变压器一次绕组的匝数为 400,电源电压为 5 000 V,频率为 50 Hz,求铁心中的最大磁通 Φ_m。

解: 根据式(5-8)得

$$\Phi_m = \frac{U_1}{4.44 f_1 N_1} = \frac{5000}{4.44 \times 50 \times 400} = 0.056 \,(\text{Wb})$$

2. 变压器的有载运行

如果变压器的二次绕组接上负载,则在感应电动势的作用下,二次绕组将产生电流 $i_2 \neq 0$。这种情况称为变压器的有载运行,如图 5-9 所示。图中电量的正方向亦为关联方向。

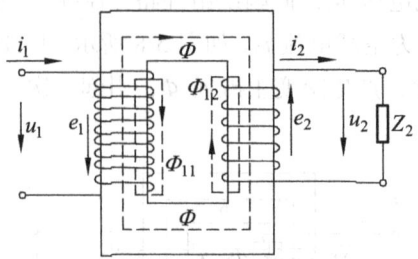

图 5-9 变压器的有载运行

由于二次绕组有电流通过,一次绕组的电流由空载电流 i_0 变为负载时的电流 i_1。但当外加电压 U_1 一定,不论空载或有载,铁心中的主磁通 Φ_m 不变($\Phi_m = \dfrac{U_1}{4.44 f N_1}$),即

$$N_1 I_2 \approx N_2 I_2$$

所以

$$I_1 = \frac{N_2}{N_1} I_2 = \frac{1}{k} I_2 \tag{5-10}$$

即变压器有电流变换作用。

变压器不仅有变换电压和变换电流的作用,它还具有阻抗变换作用。如图 5-10(a)所示,在变压器的二次侧接上负载阻抗 Z,则在一次侧看进去,可用一个阻抗 Z' 来等效,如图 5-10(b)。其等效的条件是:电压、电流及功率不变。

$$\frac{U_2}{I_2} = |Z|, \quad \frac{U_1}{I_1} = |Z'|$$

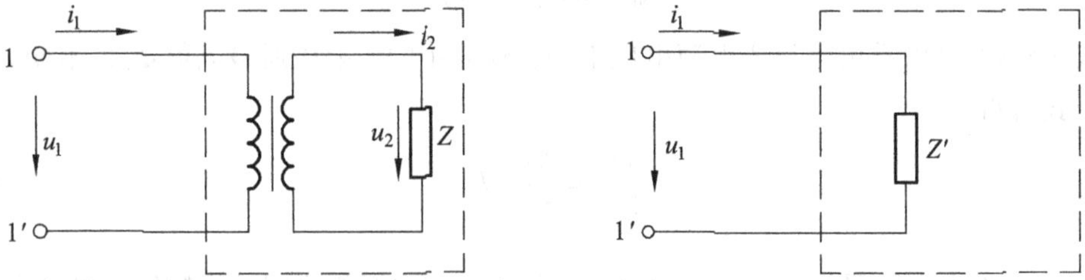

图 5-10 变压器的等效电路

(a)变压器的阻抗变换作用   (b)用阻抗 Z' 来等效

两式相比,得

$$\frac{|Z'|}{|Z|} = \frac{U_1}{U_2} \cdot \frac{I_2}{I_1}$$

根据式(5-9)和式(5-10)得

$$|Z'| = k^2 |Z| \tag{5-11}$$

匝数不同,变换后的阻抗不同。我们可以采用适当的匝数比,使变换后的阻抗等于电源

的内阻,称之为阻抗匹配。这时,负载上可获得最大功率。

【例 5-3】 在图 5-11 中,正弦交流电源的端电压 $\dot{U}_\mathrm{S} = 20\,\mathrm{V}$,内阻 $R_0 = 180\,\Omega$,负载阻抗 $R_L = 5\,\Omega$。(1) 当等效电阻 $R'_L = R_0$ 时,求变压器的电压比及电源的输出功率。(2) 求负载直接与电源连接时,电源的输出功率。

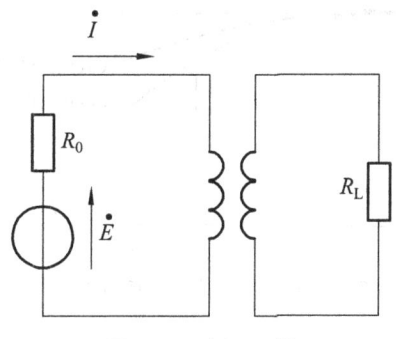

图 5-11 例 5-3 图

解:(1) 变压器的电压比为

$$k = \frac{N_1}{N_2} = \sqrt{\frac{R'_L}{R_L}} = \sqrt{\frac{180}{5}} = 6$$

电源输出功率为

$$P = \left(\frac{U_\mathrm{S}}{R_0 + R'_L}\right)^2 R'_L = \left(\frac{20}{180+180}\right)^2 \times 180 = 0.55\,(\mathrm{W})$$

(2) 当负载直接接在电源上时,输出功率为

$$P = \left(\frac{U_\mathrm{S}}{R_0 + R_L}\right)^2 R_L = \left(\frac{20}{180+5}\right)^2 \times 5 = 0.058\,(\mathrm{W})$$

5.2.3 变压器的使用

1. 变压器的外特性

运行中的变压器,当电源电压有效值 U_1 及负载功率因数 $\cos\varphi_2$ 为常数时,二次绕组输出电压有效值 U_2 随负载电流有效值 I_2 的变化关系可用曲线 $U_2 = f(I_2)$ 来表示,该曲线称为变压器的外特性曲线,如图 5-12 所示。图中表明,当负载为电阻性和电感性时,U_2 随 I_2 的增加而下降,且感性负载比阻性负载下降更明显;对于容性负载,U_2 随 I_2 的增加而上升。

我们还可用电压变化率 $\Delta U\%$ 来表示变压器二次侧电压随负载电流的变化。即

$$\Delta U\% = \frac{U_{2N} - U_2}{U_{2N}} \times 100\% \qquad (5-12)$$

式中　U_{2N}——变压器二次侧的额定电压,即空载电压;
　　　U_2——当负载为额定负载(即电流为额定电流)时的二次侧电压。

电压变化率越小，变压器的稳定性越好。一般变压器的电压变化率为 4%～6%。

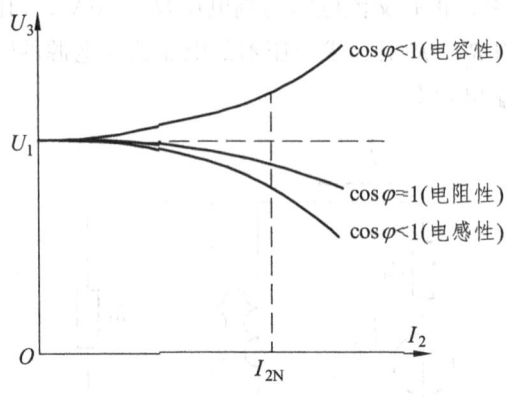

图 5-12　变压器的外特性曲线

2. 损耗与效率

当变压器二次绕阻接负载后，在电压 U_2 的作用下，有电流通过，负载吸收功率。对于单相变压器，负载吸收的有功功率为

$$P_2 = U_2 I_2 \cos \varphi_2 \tag{5-13}$$

式中，$\cos\varphi_2$ 为负载的功率因数。这时一次绕组从电源吸收的有功功率为

$$P_1 = U_1 I_1 \cos \varphi_1 \tag{5-14}$$

式中，φ_1 是 u_1 与 i_1 的相位差。

变压器从电源得到的有功功率 P_1 不会全部由负载吸收。因传输过程中有能量损耗，即铜损 ΔP_{Cu} 和铁损 ΔP_{Fe}。这些损耗均变为热量，使变压器温度升高。根据能量守恒定律

$$P_1 = P_2 + \Delta P_{Cu} + \Delta P_{Fe} \tag{5-15}$$

则变压器的效率为

$$\eta = \frac{P_2}{P_1} \times 100\% = \frac{P_2}{P_2 + \Delta P_{Cu} + \Delta P_{Fe}} \times 100\% \tag{5-16}$$

变压器的效率很高，对于大容量的变压器，其效率一般可达 95%～99%。

3. 主要额定值

（1）额定电压：一次侧额定电压指根据变压器的绝缘强度和允许发热而规定的一次绕组的正常工作电压；二次侧额定电压指一次绕组加额定电压时，二次绕组的开路电压。

（2）额定电流：根据变压器的允许发热条件而规定的绕组长期工作允许通过的最大电流值。

（3）额定容量：指变压器在额定工作状态下，二次绕组的视在功率，单位为 kV·A。忽略变压器的损耗，额定容量为

$$S_N = \frac{U_{1N} I_{1N}}{1\,000} = \frac{U_{2N} I_{2N}}{1\,000} \tag{5-17}$$

【例 5-4】有一台 50 kV·A，6 600/230 V 的单相变压器供照明负载用电，测得铁损 $\Delta P_{Fe}=500$ W，额定负载时铜损 $\Delta P_{Cu}=1486$ W，满载时副边电压为 220 V。求（1）额定电流 I_{1N}，I_{2N}；（2）电压变化率 $\Delta U\%$；（3）额定负载时的效率 η。

解：（1）根据 $S_N = I_{2N} \cdot U_{2N}$ 得

$$I_{2N} = \frac{S_N}{U_{2N}} = \frac{50000}{230} = 217 \text{ (A)}$$

$$I_{1N} = \frac{I_{2N}}{k} = I_{2N} \cdot \frac{U_{2N}}{U_{1N}} = 217 \times \frac{230}{6600} = 7.56 \text{ (A)}$$

（2） $\Delta U\% = \dfrac{U_{2N} - U_2}{U_{2N}} \times 100\% = \dfrac{230 - 220}{230} \times 100\% \approx 4.3\%$

（3）根据（5-13）式得

$$P_2 = I_{2N} U_{2N} \cos\varphi_2 = 217 \times 220 = 47\,740 \text{ (W)}$$

根据（5-16）式得

$$\eta = \frac{P_2}{P_1} \times 100\% = \frac{P_2}{P_2 + \Delta P_{Cu} + \Delta P_{Fe}} \times 100\%$$

$$= \frac{47\,740}{47\,740 + 1\,486 + 500} \times 100\% = 96\%$$

5.3 电力变压器

应用于电力系统变配电的变压器称为电力变压器，三相变压器是电力系统的重要设备，本节主要介绍三相变压器。

5.3.1 电力变压器的结构

前面我们讲过，在电力上常利用变压器进行电压变换，将低电压变换成高电压进行远距离传输，以便减少线路损耗和提高传输效率。对于三相电源进行电压变换，可用三台单相变压器组成的三相变压器组，或用一台三相变压器来完成。三相变压器的基本结构（见图 5-13）与单相变压器相似，闭合的铁心上共有六个线圈，三个一次绕组（高压绕组），分别记为 AX、BY、CZ；另三个为二次绕组（低压绕组），分别记为 ax、by、cz。AX、ax 称为 A 相绕组，BY、by 称为 B 相绕组，CZ、cz 称为 C 相绕组。A（a）、B（b）、C（c）称为首端，其余称为末端。

三相变压器在电力系统中主要用作传输电能，故它的容量较大。一般大容量电力变压器的铁心和绕组都要浸入装满变压器油的油箱中，以改善其散热条件。除此之外，变压器还设有储油柜、安全气道和气体继电器等一些其他附件。

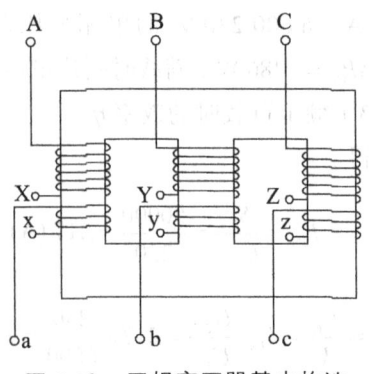

图 5-13 三相变压器基本构造

5.3.2 电力变压器的主要参数

使用变压器时，必须掌握其铭牌上的技术数据。图 5-14 是一台三相电力变压器的铭牌。变压器铭牌上一般注明下列内容：型号、连接组别、容量、使用条件、冷却方式、电压等级等。

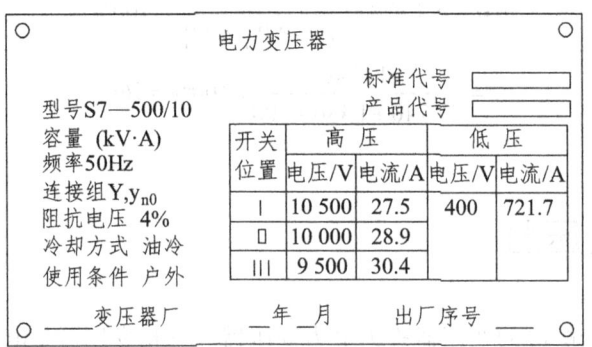

图 5-14 变压器铭牌

1. 型号

型号由字母和数字组成，字母表示的意义为：S 表示三相，D 表示单相，K 表示防爆，F 表示风冷等。例如变压器型号为 S9—500/10，其中 S9 表示三相变压器的系列，它是我国统一设计的高效节能变压器；500 表示变压器容量，单位为千伏安（kV·A）；10 表示高压侧的电压，单位为千伏（kV），如图 5-15 所示。

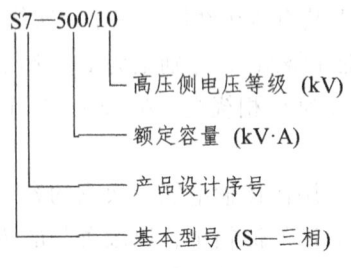

图 5-15 型号中字母和数字含义

2. 连接组别

连接组别表示三相变压器的接法及高低压绕组线电压之间的相位关系。

三相变压器或三个单相变压器的一次绕组都可分别接成星形或三角形。实际上变压器常用的接法有 Y/Y_0、$Y/\triangle$、$Y_0/\triangle$ 三种，符号 Y_0 表示有中线的星形接法，分子表示高压绕组的接法，分母表示低压绕组的接法。

新的标注法规定变压器绕组的连接方法表示如下：用大写字母表示高压侧，小写字母表示低压侧。Y 或 y 表示星形连接，D 或 d 表示三角形连接，N 或 n 表示接中线。上述三种接法分别用 Y,y_n；Yd，Y_N,d 来表示。

由于三相绕组可以采用不同的连接，使得三相变压器一次、二次绕组中的线电动势会出现不同的相位差，实践和理论证明：对于三相绕相，无论采用什么连接法，一次、二次线电动势的相位差总是 30° 的整数倍。因此，采用时钟盘面上的 12 个数字来表示这种相位差是很简明的。具体表示方法是：把高压边线电动势矢量作为时钟的长针，总是指着 "12"，而把低压边线电动势矢量作为短针，它指的数字与 12 之间的角度就表示高、低压边线电动势矢量之间的相位差。这个 "短针" 指的数字称为三相变压器连接组的标号（连接组是按一次、二次线电动势的相位关系把变压器绕组的连接分成各种不同连接类型）。常用的连接组有 Y，y_{n_0}；Y，d_{11}；D，$y_{n_{11}}$ 等。其中 Y，y_{n_0} 表示高压侧星形连接、低压侧星形连接且有中线，"0" 表示高、低侧电动势是同相的。"11" 表示低压侧线电动势超前于高压侧线电动势 30°。

3. 额定电压

变压器铭牌上有两个额定电压，即一次侧额定电压和二次侧额定电压。

一次侧额定电压 U_{1N} 是指一次侧绕组的正常工作电压，它是根据变压器的绝缘强度和允许的发热条件规定的。二次侧额定电压 U_{2N} 是指一次侧加上额定电压后二次侧的空载电压。对于三相变压器，额定电压均指线电压。

4. 额定电流

额定电流是指根据变压器允许的发热条件而规定的允许其绕组长期通过的最大电流值，使用时变压器的电流不应超过额定值。对于三相变压器，额定电流均指线电流。

5. 额定容量

额定容量指变压器在额定工作状态下，二次绕组的视在功率，它反映变压器正常运行时可能传输的最大电功率，单位为 k·VA 或 M·VA。忽略损耗，三相变压器的额定容量可表示为

$$S_N = \frac{\sqrt{3}U_{2N}I_{2N}}{1\,000} \tag{5-18}$$

式中，U_{1N}、U_{2N} 及 I_{1N}、I_{2N} 分别为一次侧、二次侧的额定线电压、线电流。

6. 额定频率

额定频率是指变压器额定运行时，一次绕组外加电压的频率。我国的标准工频为 50 Hz。

7. 阻抗压降

阻抗压降是将二次侧短路并使二次电流达到额定值 I_{2N} 时，一次侧（高压边）应加的电压值。用额定电压 U_{1N} 的百分比表示，中、小型电力变压器约为 4%～10.5%。

8. 使用条件

变压器一般分为户内式和户外式。

在变压器的一次侧设有调压开关，一般只能在断电的情况下调整，若变压器距前一级变电站很近，供电电压偏高，可调至Ⅰ挡；若变压器距前一级变电站很远，供电电压偏低，可调至Ⅲ挡；正常条件下一般置于Ⅱ挡。总之，通过必要的调整，保证二次侧输出电压为额定值 400 V。

此外，还有冷却方式、允许温升等项内容。1 000 kV·A 以上的变压器铭牌上还标有空载电流、空载损耗及短路损耗等数据。

5.3.3 变压器的运行和维护

变压器并行运行，在国民经济建设中有着重要的意义。可提高供电的可靠性，当某台变压器出现故障时，重要用户可以不中断供电，还可减少初期的投资；并且当负载减少时，可断开某些变压器，提高供电效率和功率因数。

变压器的并行运行必须满足额定电压相同，即变压比相等，相序必须一致，短路压降（阻抗压降）必须相等，连接组别必须相同，等条件。否则，变压器容量不能充分发挥，甚至不能投入并行运行，严重时将会使变压器烧毁。

5.4 特殊变压器

5.4.1 自耦变压器

自耦变压器的结构特点是二次绕组是一次绕组的一部分，而且一次、二次绕组不但有磁的耦合，还有电的联系，上述变压、变流和变阻抗关系都适用于它。如图 5-16 有：

$$k_Z = \frac{U_1}{U_2} = \frac{N_1}{N_2} = \frac{I_1}{I_2} \tag{5-19}$$

式中，U_1、I_1 为一次绕组的电压和电流有效值，U_2、I_2 为二次绕组的电压和电流有效值，k_Z 为自耦变压器的电压比。

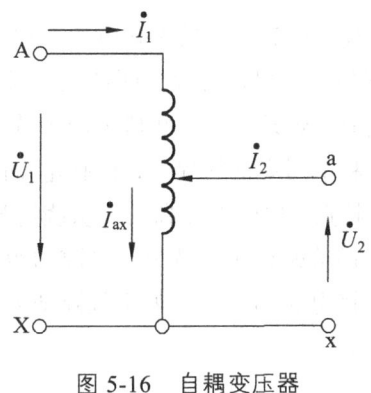

图 5-16 自耦变压器

实验室中常用的调压器就是一种可改变二次绕组匝数的特殊自耦变压器,它可以均匀地改变输出电压。图 5-17 所示就是单相自耦调压器的外形和原理电路图。除了单相自耦调压器之外,还有三相自耦调压器。

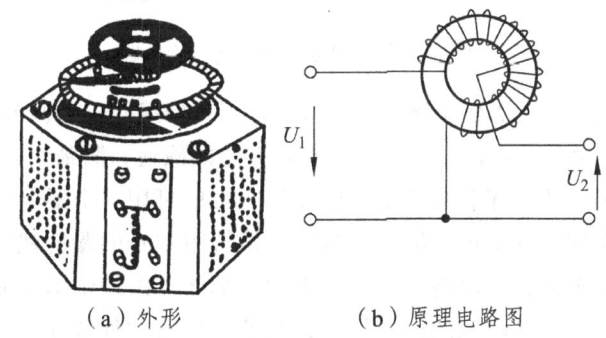

（a）外形　　　　（b）原理电路图

图 5-17 自耦调压器外形和原理电路图

使用自耦调压器时应注意:

(1) 输入端应接交流电源,输出端接负载,不能接错,否则,有可能将变压器烧坏;使用完毕后,手柄应退回零位。

(2) 由于高、低压侧电路有电的联系,如果高压侧有电气故障,会影响到低压侧,所以高、低压侧应为同一绝缘等级。

(3) 安全操作规程中规定,自耦变压器不能作为安全变压器使用。这是因为自耦变压器的高、低压侧电路有电的联系,万一接错线路,就可能引发触电事故。

5.4.3　电焊变压器

电弧焊是设备制造、维修最常用的焊接方法。常常采用交流弧焊机进行电弧焊。电焊变压器是交流弧焊机的主要组成部分,它是一种双绕组降压变压器,它的基本原理与普通变压器相同。

电弧焊的基本原理是在焊条与工件之间燃起电弧,用电弧的高温使金属熔化进行焊接。

因此对电焊变压器的要求是：空载时应有足够的引弧电压（60~75 V），以保证电极间产生电弧。有载时，二次电压应迅速下降，当焊条与焊件间产生电弧并稳定燃烧时，维持电弧的工作电压，一般为 25~35 V。短路时（焊条与工件相碰瞬间），短路电流不能过大，以免损坏焊机。另外，为了适应不同的焊件和不同规格的焊条，焊接电流的大小要能够调节。

电焊变压器的结构具有以下特点：电焊变压器的二次绕组与一个可变的铁心电抗器串联，电抗器的铁心有较大的空气隙，调节螺栓用来调节空气隙的距离，改变电抗器空气隙的长度就可改变它的电抗，从而控制焊接电流的大小。如空气隙增大，电抗器的感抗随之减小，电流就随之增大。图 5-18 是它的原理图。

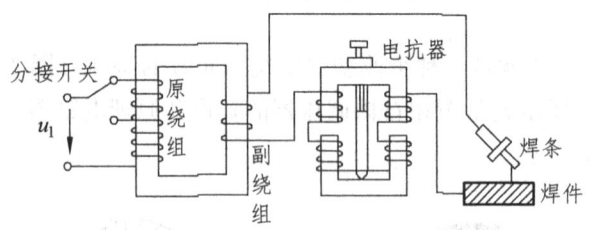

图 5-18　电焊变压器的原理图

为了调节引弧电压，一次绕组配备分接出头，并用一分接开关来调节二次侧的空载电压。一次、二次绕组分装在两个铁心柱上，使绕组有较大的漏磁通，漏磁通只与各绕组自身交链，它在绕组中产生的自感电动势起着减弱电流的作用，因此可用一个漏电抗来反映这种作用，它与绕组本身的电阻合称为漏阻抗。漏磁通越大，该绕组本身的漏抗就越大，漏阻抗也就越大。我们知道，对负载来说，二次绕组相当于电源，那么二次绕组本身的漏阻抗就相当于电源的内部阻抗，漏阻抗大就是电源的内阻抗大，会使变压器的外特性曲线变陡，即二次侧的端电压 U_2 将随电流 I_2 的增大而迅速下降。这样，就满足了有载时二次电压迅速下降以及短路瞬间短路电流不致过大的要求。

5.4.4　脉冲变压器

脉冲变压器是用以传输脉冲功率和传递脉冲信号的一种信号变压器，是脉冲放大器的基本元件之一。其基本构造和基本工作原理与普通变压器相同。在脉冲放大器中主要用它作级间耦合及功放级与负载间的耦合，以实现阻抗匹配、变换极性等。常用的一种环形铁心的脉冲变压器如图 5-19 所示。

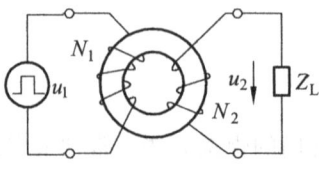

图 5-19　脉冲变压器

由于它在脉冲状态下工作，为了减小传输畸变、减小损耗和提高效率，因此在材料选择、制造工艺上都比普通变压器要求高。对于同一种铁心材料来说，工作在脉冲状态下的铁心损耗要远大于工作在工频下的脉冲损耗,激磁电感明显下降,空载电流相应增大,因此,脉冲变压器的铁心一般采用的是高频下磁导率高的磁性材料——坡莫合金或铁氧体,这样可以大大减小铁心损耗,由于铁氧体的导电性能属半导体,电阻率大,铁心损耗较小,空载电流较小,传输效率得到了大大提高。

5.4.5 电压互感器

电压互感器是一个单相双绕组变压器,它的一次侧绕组匝数较多,二次侧绕组匝数相对较少,类似于一台降压变压器。主要用于测量高电压。其一次侧与被测电路并联,二次侧与交流电压表并联,如图 5-20 所示。电压互感器一次、二次侧的电压关系为

$$U_1 = \frac{N_1}{N_2}U_2 = K_u U_2 \qquad (5\text{-}20)$$

式中,K_u 为变压比。电压互感器二次侧的额定电压一般为 100 V。

使用电压互感器时应注意:① 二次侧绕组不允许短路,否则会烧毁互感器;② 二次绕组一端与铁心必须可靠接地。

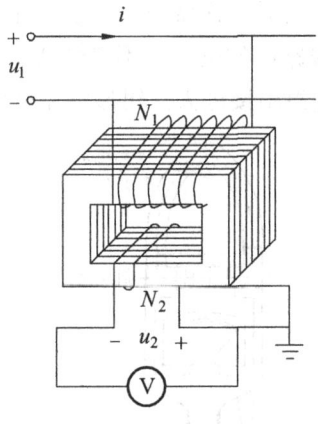

图 5-20 电压互感器

5.4.6 电流互感器

电流互感器是一个单相双绕组变压器,它的一次侧匝数很少而二次侧匝数相对较多,类似于一台升压变压器。主要用于测量大电流。其一次侧与被测电路串联,二次侧与交流电流表串联,如图 5-21 所示。电流互感器一次、二次侧的电流关系为

$$I_1 = \frac{N_2}{N_1}I_2 = K_i I_2 \qquad (5\text{-}21)$$

式中,K_i 为变流比。电流互感器二次侧的额定电流一般为 5 A。

使用电流互感器时应注意:① 二次侧绕组不能开路,否则会产生高压,严重时烧毁互感

器；② 二次绕组一端与铁心必须可靠接地。

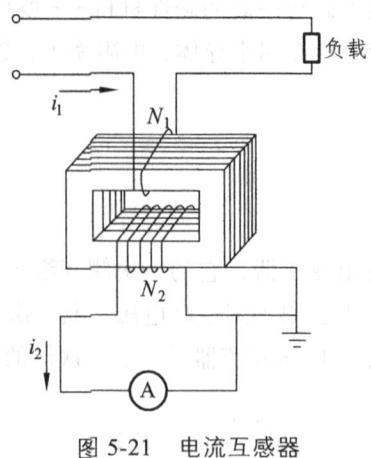

图 5-21　电流互感器

5.4.7　钳形电流表

钳形电流表是电流互感器的一种变形。它的铁心如同一钳子，用弹簧压紧。测量时将钳压开而引入被测导线。这时该导线就是一次绕组，二次绕组绕在铁心上并与电流表接通。利用钳形电流表可以随时随地测量线路中的电流，不必像普通电流互感器那样必须固定在一处或者在测量时要断开电路而将原绕组串接进去。钳形电流表的原理图如图 5-22 所示。

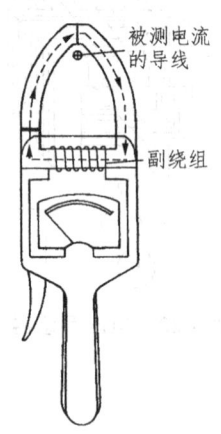

图 5-22　钳形电流表

课后练习

5-1　在由铁磁材料和空气隙组成的磁路中，铁磁材料的平均长度远远大于空气隙的平均长度，你认为是铁磁材料上的磁动势大还是空气隙上的磁动势大？为什么？

5-2　一台变压器的绕组误接到数值为额定电压的直流电源上，它能否变压？会产生什么后果？

5-3　有一线圈，其匝数 $N=1\,000$，绕在由铸钢制成的闭合铁心上，铁心的截面积 $S_{Fe}=20\text{ cm}^2$，铁心的平均长度 $l_{Fe}=50\text{ cm}$。如要在铁心中产生磁通 $\varPhi=0.002\text{ Wb}$，试问线圈中

应通入多大直流电流？

5-4 有一空载变压器，一次侧加额定电压 220 V，并测得一次绕组电 $R_1=10\ \Omega$，问一次侧电流为多少？

5-5 有一单相照明变压器，容量为 10 kV·A，电压为 3300/220 V。欲在二次侧接上 60 W、220 V 的白炽灯，若要变压器在额定负载下运行，这种电灯可接多少个？并求一次、二次侧电流。

5-6 一台变压器一次绕组 $N_1=360$ 匝，电压 $U_1=220$ V，二次绕组有两组绕组，其电压分别为 $U_{12}=55$ V，$U_{22}=18$ V。求二次绕组两组绕组的匝数。

5-7 变压器的额定频率为 50 Hz，用于 25 Hz 的交流电路中，能否正常工作？

5-8 一台三相变压器，它的额定容量为 50 kV·A，一次、二次侧的额定电压为 $U_{1N}/U_{2N}=10/0.4\ \text{kV}$，Y/Y 连接，试计算一次、二次侧的额定电流；若 Y/△ 连接，其一次、二次侧额定电压和额定电流各为多少？

5-9 已知一台自耦变压器的额定容量为 15 kV·A，$U_{1N}=220$ V，$N_1=880$ 匝，$U_{2N}=200$ V，试求：（1）应在线圈的何处抽出一线端？（2）满载时 I_1 和 I_2 各为多少？

5-10 一台电力变压器的电压变化率 $\Delta U=3\%$，变压器在额定负载下的输出电压 $U_2=220$ V，求此变压器二次绕组的额定电压。

第 6 章　常用低压电器

低压电器是一种能根据外界的信号和要求，手动或自动地接通、断开电路，以实现对电路或非电对象的切换、控制、保护、检测、变换和调节的元件或设备。控制电器按其工作电压的高低，以交流 1 200 V、直流 1 500 V 为界，可划分为高压控制电器和低压控制电器两大类。总的来说，低压电器可以分为配电电器和控制电器两大类，是成套电气设备的基本组成元件。在工业、农业、交通、国防以及民用电中，大多数采用低压供电，因此电器元件的质量将直接影响到低压供电系统的可靠性。

6.1　低压电器的基本知识

低压电器通常是指工作在交流电压小于 1 200 V，直流电压小于 1 500 V 的电路中起通、断、保护、控制或调节作用的电器设备。

低压电器的种类繁多，就其用途或所控制的对象可概括为低压配电电器和低压控制电器两大类。

低压配电电器包括刀开关、转换开关、熔断器和断路器，主要用于低压配电系统中，要求在系统发生故障的情况下动作准确、工作可靠。

低压控制电器包括接触器、控制继电器、启动器、控制器、主令电器和电磁铁等，主要用于电气传动系统中。要求寿命长、体积小、质量小、工作可靠。

低压电器按低压电器的动作方式可分为自动切换电器和非自动切换电器。

自动切换电器依靠电器本身参数变化或外来信号（如电、磁、光、热等）而自动完成接通、分断或使电机启动、反向及停止等动作。如接触器、继电器等。

非自动切换电器依靠人力直接操作的电路。如按钮、刀开关等。

按电器的执行机构可分为有触点电器和无触点电器。

6.2　低压开关

低压开关主要用作隔离、转换以及接通和分断电路用。有时也可用来控制小容量电动机的启动、停止和正反转。

低压开关一般为非自动切换电器，常用的有刀开关、转换开关和低压断路器等。

1. 刀开关

普通刀开关是一种结构最简单且应用最广泛的低压电器。刀开关的种类很多，常用的刀开关有：

（1）瓷底胶盖闸刀开关。

瓷底胶盖刀开关又称开启式负荷开关。图 6-1 为 HK 系列刀开关的结构图。它由刀开关和熔断器组成，均装在瓷底板上。刀开关装在上部，由进线座和静夹座组成。熔断器装在下部，由出线座熔丝和动触刀组成。动触刀上端装有瓷质手柄便于操作，上下两部用两个胶盖以紧固螺钉固定，将开关零件罩住防止电弧或触及带电体伤人。这种开关不易分断有负载的电路，但由于结构简单价格便宜，在一般的照明电路和功率小于 5.5 kW 电动机的控制电路中仍可使用。

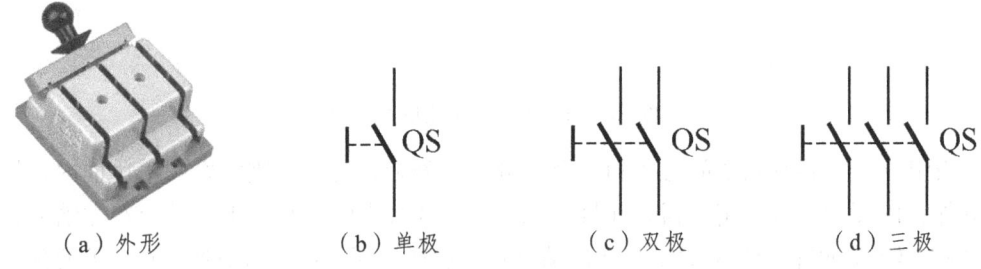

(a) 外形　　(b) 单极　　(c) 双极　　(d) 三极

图 6-1　HK 系列刀开关的外形及符号

（2）铁壳开关。

铁壳开关又称闭式负荷开关。它是在闸刀开关基础上改进设计的一种开关。图 6-2 为铁壳开关的结构及外形。在铁壳开关的手柄转轴与底座之间装有一个速断弹簧，用钩子扣在转轴上，当扳动手柄分闸或合闸时，开始阶段 U 形双刀片并不移动，只拉伸了弹簧，贮存了能量，当转轴转到一定角度时，弹簧力就使 U 形双刀片快速从夹座拉开或将刀片迅速嵌入夹座，电弧被很快熄灭。铁壳开关上装有机械联锁装置，当箱盖打开时，不能合闸；闸刀合闸后箱盖不能打开。

铁壳开关的图形及文字符号与闸刀开关相同。常用的刀开关有 HK、HH、HD、HS、HR 等系列产品。

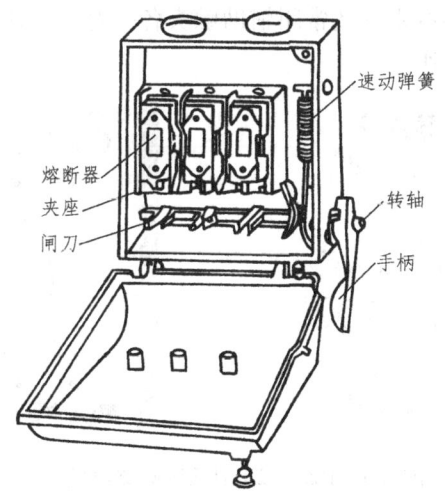

图 6-2　铁壳开关的结构

(3)转换开关和组合开关。

转换开关和组合开关实质上也是一种特殊的开关。它的特点是用动触片的左右旋转来代替闸刀的推合和拉开,结构较为紧凑。转换开关的结构如图6-3所示。

 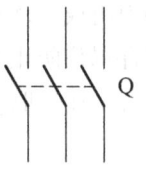

（a）外形　　　　　　　　　　　（b）文字符号

图6-3　转换开关的外形及符号

三极组合开关共有六个静触头和三个动触片。静触头的一端固定在胶木边框内,另一端伸出盒外,以便和电源及用电器相连接。三个动触片装在绝缘垫板上,并套在方轴上,通过手柄可使方轴做90°正反向转动,从而使动触片与静触头保持闭合或分断。在开关的顶部还装有扭簧贮能机构,使开关能快速闭合或分断。

常用的转换开关为HZ系列和LW系列等产品。

2. 低压断路器

低压断路器是具有一种或多种保护功能的保护电器,同时又具有开关的功能,故又称自动空气开关。

低压断路器有DZ系列和DW系列等。DZ5系列为小电流系列,其额定电流为10～50 A；DZ10系列为大电流系列,其额定电流等级有100 A、250 A和600 A三种。 DZ5—20型低压断路器的外形如图6-4所示。操作机构在中间,其两边有热脱扣器和电磁脱扣器；触头系统在下面,除三对主触头外,还有常开及常闭辅助触头各一对,上述全部结构均装在壳内,按钮和触头的接线柱分别伸出壳外。

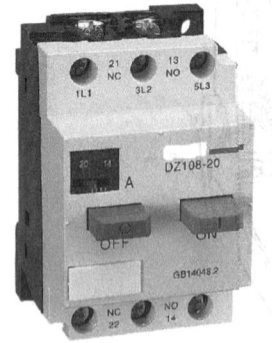 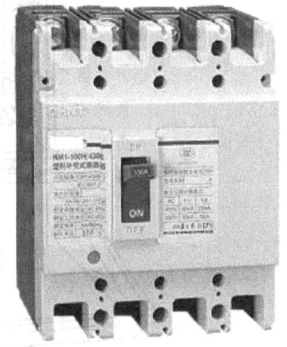

图6-4　DZ5—20型低压断路器的外形

低压断路器的动作原理如图6-5所示。

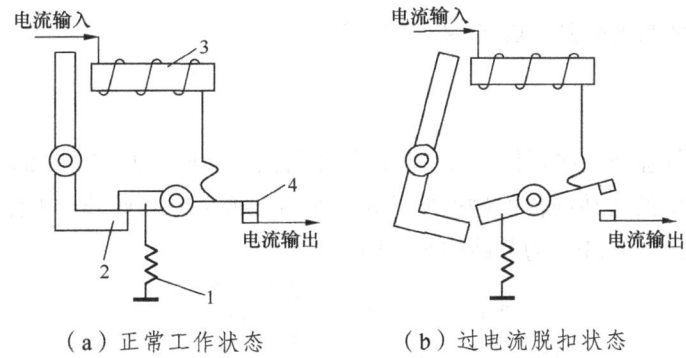

(a) 正常工作状态　　(b) 过电流脱扣状态

图 6-5　低压断路器的动作原理

电磁脱扣器的线圈和热脱扣器的热元件均串联在被保护的三相电路中,欠压脱扣器线圈并联在电路中。按下闭合按钮,搭钩钩住锁链,触头闭合,接通电源。在正常工作时,电磁脱扣器的衔铁不吸合;当电路发生短路时,线圈通过非常大的电流,于是衔铁吸合,顶开搭钩,在弹簧的作用下触头分断,切断了电源。当电动机发生过载时,双金属片受热弯曲,同样可顶开搭钩,切断电源。当电路电压消失或电压下降到某一数值时,欠压脱扣器的吸力消失或减小,在弹簧作用下,顶开搭钩,切断电源。

低压断路器可按以下条件选用:

(1) 低压断路器的额定电压和额定电流应不小于电路正常工作电压和电流。

(2) 热脱扣器的整定电流应与所控制的电动机的额定电流或负载的额定电流一致。

(3) 电磁脱扣器的瞬时脱扣整定电流应大于负载电路正常工作时的峰值电流。

6.3　主令电器

主令电器是在自动控制系统中发出指令或信号的操纵电器。

1. 按钮

按钮是一种结构简单、应用非常广泛的主令电器,一般情况下它不直接控制主电路的通断,而是在控制电路中发出手动"指令"去控制接触器、断电器等电路,再由它们去控制主电路。按钮的触头允许通过的电流很小,一般不超过 5 A。

按钮按用途和触头的结构不同可分为停止按钮、启动按钮及复合按钮等。其符号如图 6-6 所示。

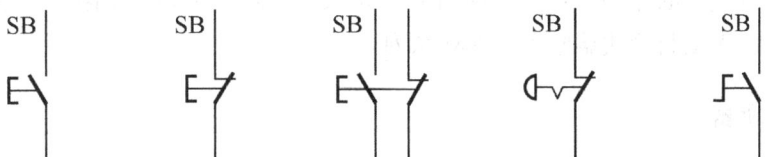

(a) 常开按钮　(b) 常闭按钮　(c) 复式按钮　(d) 急停按钮　(e) 旋钮式按钮

图 6-6　按钮的符号

目前使用较多的为 LA 和 LAY 等系列的按钮。

2. 位置开关

位置开关又称行程开关或限位开关。它的作用与按钮相同，但其触头的动作不是靠手按，而是利用生产机械中的运动部件的碰撞而动作，来接通或分断某些控制电路。其电气符号如图 6-7（a）所示。图 6-7（b）为其结构示意图。

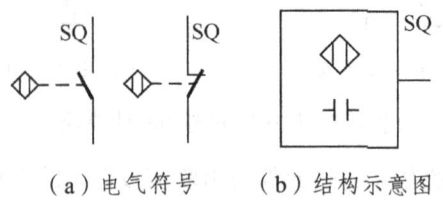

（a）电气符号　（b）结构示意图

图 6-7　位置开关的电气符号和结构示意图

位置开关的型号有 LX 系列和 JLXK 系列等。

6.4　熔断器

熔断器在低压配电线路中主要起短路保护作用。熔断器主要由熔体和放置熔体的绝缘管或绝缘底座组成。使用时，熔断器串接在被保护的电路中，当通过熔体的电流达到或超过了某一额定值，熔体自行熔断，切除故障电流，达到保护目的。

1. 瓷插式熔断器

瓷插式熔断器结构如图 6-8（a）所示。这是一种最简单的熔断器。常见的为 RC1A 系列。

2. 螺旋式熔断器

螺旋式熔断器结构如图 6-8（b）所示。是由熔管及支持件（瓷制底座、带螺纹的瓷帽、瓷套）所组成。熔管内装有熔丝并装满石英砂。同时还有熔体熔断的指示信号装置，熔体熔断后，带色标的指示头弹出，便于发现更换。

目前螺旋式熔断器有 RL 和 RLS 等系列。

3. 无填料管式熔断器

无填料封闭管式熔断器的外形与结构如图 6-8（c）所示。主要由熔断管、熔体、夹头及夹座等部分组成。无填料管式熔断器为 RM 系列。

4. 快速熔断器

快速熔断器是有填料封闭式熔断器，其外形与结构如图 6-8（d）所示，它具有发热时间常数小、熔断时间短、动作迅速等特点。常用的有 RLS、RS 等系列。RLS 系列主要用于小容量硅元件及其成套装置的短路保护。RS 系列主要用于大容量晶闸管元件的短路和某些不允许过电流电路的保护。

（a）瓷插式熔断器

（b）螺旋式熔断器

（c）无填料管式熔断器

（d）快速熔断器

图 6-8　熔断器

电路中的熔断器，熔体的额定电流可根据以下几种情况选择：对电炉、照明等阻性负载电路的短路保护，熔体的额定电流应大于或等于负载额定电流；对一台电动机负载的短路保护，熔体的额定电流 I_{RN} 应等于是 1.5～2.5 倍电动机额定电流 I_N；对多台电动机的短路保护，熔体的额定电流应满足：$I_{RN}=(1.5～2.5)I_{NMAX}+\Sigma I_N$。

6.5　接触器

接触器是一种自动的电磁式开关，它通过电磁力作用下的吸合和反力弹簧作用下的释放使触头闭合和分断，进而控制电路的接通和断开。

1. 交流接触器

图 6-9 所示为交流接触器的外形、结构及符号。

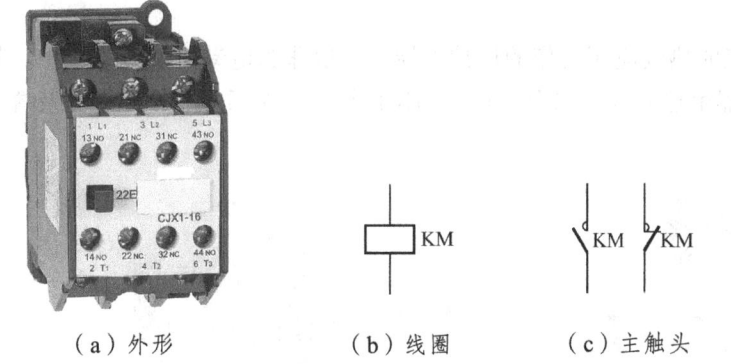

（a）外形　　（b）线圈　　（c）主触头　　（d）辅助触头

图 6-9　交流接触器的外形、结构及符号

接触器的主要结构由电磁系统、触头系统、灭弧室及其他部分组成。常用的交流接触器有 CJ 系列、CJZ 系列、B 系列等。交流电磁铁的铁心端面上嵌有短路环，用以消除电磁系统的振动和噪声。交流接触器灭弧采用的为栅片灭弧装置。

交流接触器启动时，由于铁心气隙大，磁阻大，所通过线圈的启动电流往往为工作电流的十几倍，所以衔铁如有卡阻现象将烧坏线圈。交流接触器的线圈电压有85%～105%额定电压时，能可靠地工作，当线圈电压低，电磁吸力不够、铁吸不上，线圈可能烧毁，同时也不能把交流接触器线圈接到直流电源上。

2．直流接触器

直流接触器主要用于远距离接通或分断直流电路。其结构和原理基本与交流接触器相同，也是由电磁系统、触头系统及灭弧装置三部分组成。

直流接触器的电磁系统中，铁心是由整块铸钢或铸铁制成。由于铁心中不会产生涡流，而线圈匝数多，阻值大，所以线圈本身易发热，因此线圈制成长而薄的圆筒形。

3．接触器的选择

（1）接触器铭牌上的额定电压是指触头的额定电压。选用接触器时，主触头所控制的电压应小于或等于它的额定电压。

（2）接触器铭牌上的额定电流是指主触头的额定电流。选用时，主触头额定电流应大于电动机的额定电流。

（3）同一系列、同一容量的接触器，其线圈的额定电压有好几种规格，应使接触器吸引线圈额定电压等于控制回路的电压。

6.6 继电器

继电器是根据某种输入物理量的变化，来接通和分断控制电路的电器。常用的有：

1．热继电器

热继电器是利用电流的热效应而动作的保护电器。一般作为电动机的过载保护。其外形如图6-10所示。热继电器由热元件、双金属片、动作机构、触头系统、整定调整装置和温度补偿元件组成。

图6-10 热继电器

其动作原理是：热元件串联在主电路中，常闭触头串联在控制电路中，当电动机过载电流过大时，双金属片受热弯曲带动其动作机构动作，将触头断开，从而断开主电路，达到对电动机过载保护。

热继电器热元件额定电流的选择一般可取（0.9~1.05）I_N，对工作环境恶劣，启动频繁的电动机可取（1.15~1.5）I_N。

2. 中间继电器

中间继电器是将一个输入信号变成一个或多个输出信号的继电器，如图6-11所示。它的原理与接触器完全相同，所不同的是中间继电器的触头多、容量小（其额定电流一般为5A）并且无主辅触头之分。适用于控制电路中把信号同时传递给几个有关的控制元件。

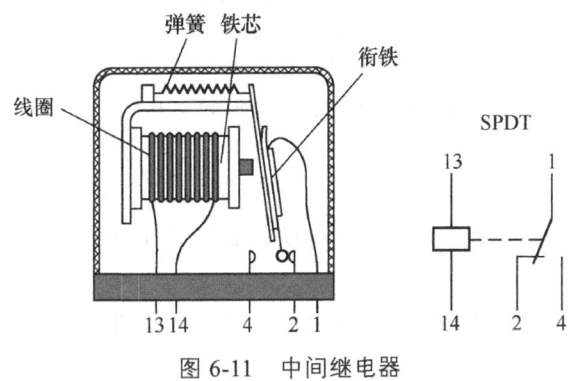

图6-11 中间继电器

3. 电流继电器

电流继电器是根据电流值大小动作的继电器。它串联在被测电路时，反映的是被测电路电流的变化。电流继电器的匝数少，导线粗。根据用途可分为过电流、欠电流继电器。

4. 电压继电器

电压继电器是根据电压大小动作的继电器。其线圈并联在被测电路中，反映电路中电压的变化。电压继电器根据用途不同可分为过电压和欠电压继电器。

5. 时间继电器

时间继电器是在电路中起控制动作时间的继电器。它的种类很多，有电磁式、电动式、空气阻尼式、晶体管式等。常用的为空气阻尼式和晶体管式。

空气阻尼式时间继电器如图6-12所示。

时间继电器由电磁系统、工作触头、气室及传动机构等四部分组成。根据触头延时的特点，可分为通电延时与断电延时两种。根据电路需要改变时间继电器的电磁机构的安装方向，即可实现通电延时和断电延时的互换。因此，使用时不要仅仅观测时间断电器上的电气符号。要会用万用表判别。

（1）通电延时型时间继电器的性能是：当线圈得电时，通电延时各触头不立即动作而要延长一段时间才动作，断电时其触头瞬时复位。

（2）断电延时型时间继电器的性能是：当线圈得电时，其延时触头瞬时立即动作，断电时其延时触头不立即动作而要延长一段时间才复位。

图 6-12　空气阻尼式时间继电器

6. 速度继电器

速度继电器是一种将速度信号转换成继电接点输出信号的电器。常用的速度继电器有 JY1 和 JFZO 型两种。

速度继电器由转子、定子及触点三部分组成。其结构如图 6-13 所示。

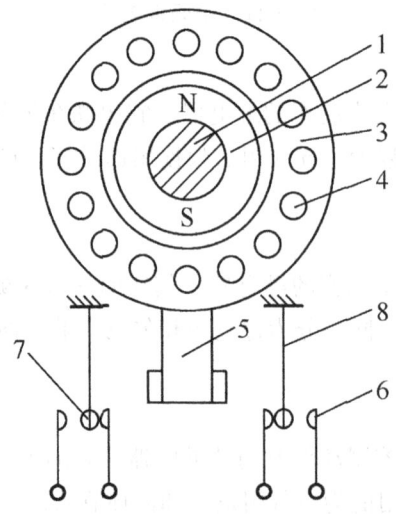

1—电动机轴；2—转子；3—定子；4—绕组；5—摆锤；6—静触头；7—动触头；8—簧片。

图 6-13　速度继电器

其动作原理是：当电动机旋转时，带动速度继电器的转子转动，在空间产生旋转磁场，这时在定子绕组上产生感应电势及电流。感应电流在永久磁场的作用下产生转矩，使定子随永久磁铁的转动方向旋转并带动杠杆、推动触头、使触头动作。当转速小于一定值时反力弹簧通过杠杆返回原位。

7. 压力继电器

压力继电路是利用被控介质（如压力轴）在波纹管或橡皮膜上产生的压力与弹簧的反作

用力平衡。当被控介质的压力升高时,波纹管或橡皮膜压迫反力弹簧而使顶杆移动,拨动微动开关,使触头状态改变,以反映介质中压力达到了对应的数值。

6.7 电磁铁及电磁离合器

1. 电磁铁的特性

直流电磁铁吸力的特点是:电磁吸力与气隙大小的平方成正比,气隙越大,电磁吸力越小。

交流电磁铁吸力的特点是:当外施电压一定时,铁心中磁通的幅值基本上是一个恒值,这样电磁吸力 F_x 将不变。但是在电压一定时,励磁电流不仅决定线圈的电阻,更主要是决定线圈电抗,而且与工作气隙值的大小有关。

2. 牵引电磁铁

牵引电磁铁主要用于自动控制设备中,牵引或推斥其他机械装置,以达到自控或遥控的目的。其原理为:线圈通电后,衔铁吸合,经过推杆(或拉杆)来驱动被操作机构。

3. 阀用电磁铁

阀用电磁铁主要用于金属切削机床中,远距离操作各种液压阀气动阀,以实现自动控制。

阀用电磁铁的动作原理是:在不通电时,衔铁被阀体推杆推动到额定行程,而线圈通电时电磁力使阀杆移动,控制阀门的开闭。其结构如图 6-14 所示。

图 6-14 阀用电磁铁

4. 制动电磁铁

制动电磁铁是操纵制动器做机械制动用的电磁铁,通常与闸瓦制动器配合使用,在电气传动装置中作电动机的机械制动,以达到准确和迅速停车的目的。现以短行程电磁铁为例说明其工作情况。

工作原理为:线圈通电后,衔铁绕轴旋转而吸合,衔铁克服弹簧拉力,迫使制动杠杆向左右移动,使闸瓦与闸轮脱离松开。当线圈断电后,衔铁释放,在弹簧的拉力作用下,使制动杆同时向里移动,带动闸瓦与闸轮紧紧抱住,完成停车制动。

5. 电磁离合器

电磁离合器的原理为：线圈带电时，动静铁心立即吸合，与动铁心固定在一起的静摩擦片与动摩擦片分开，于是动摩擦片便同绳轮在电动机的带动下正常启动运转。当线圈断电时，制动弹簧立即使动静摩擦片之间产生足够大的摩擦力，使电动机断电后立即产生制动。

6.8 电阻器及频敏变阻器

1. 电阻器

电阻器是具有一定电阻值的电器元件，电流通过它时，在它上面将产生电压降。利用电阻器这一特性，可以控制电动机的启动制动及调速。电阻器也可以作为保护电器使用，有泄放限流等用途。电阻器是利用不同的电阻材料，采用冲压浇铸和绕制等方法制成各种形状的电阻元件，然后再组装而成。也有直接制成成品的，如管形电阻。其技术数据可查《电工手册》。

敞开式电阻器应安装在室内，并加以遮挡，防止工作人员不慎触及电阻器的带电部分。

2. 频敏变电阻器

频敏变电阻器的特点是其阻值随频率的变化而变化。频敏变阻器的用途与电阻器的用途相同，用于控制异步电动机的启动、制动等。

6.9 低压导线

导线通常包括电线和电缆，线芯材料有铜、铝两种。选择导线种类时应考虑敷设环境和敷设方式；选择导线截面应满足允许温升、电压损失、机械强度等要求，并与保护装置相配合。具体数据可查阅相关的技术手册和产品样本。

低压导线种类很多，常见低压导线的型号规格和用途简单说明如下：

1. 聚氯乙烯绝缘低压导线

聚氯乙烯绝缘低压导线即通常所说的塑料电线，绝缘电压不低于 500 V。

（1）BV—500 或 BLV—500 型塑料绝缘铜芯或铝芯导线，一般为单芯，具体结构参见实物。此类导线一般用于线槽或穿管保护、明敷或暗敷的动力和照明配电线路。工程上用 BV—500×2.5 表示截面为 2.5 mm^2 的铜芯塑料绝缘导线。

（2）BVV—500 或 BLVV—500 型塑料护套铜芯或铝芯导线，有单芯、两芯和三芯三种。用于明敷照明配电线路。工程上用 BVV—500 2×2.5 表示单芯截面为 2.5 mm^2 的两芯铜芯塑料绝缘导线。

（3）RV 型塑料绝缘铜芯软导线，为单芯线，此类导线一般用作低压移动电器的连接线。工程上用 RV—2.5 表示截面为 2.5mm² 的铜芯塑料绝缘软导线。

（4）LJ 型铝绞线或 LGJ 型钢芯铝绞线，为单芯线，用于室外电力架空线路。

2．聚氯乙烯绝缘聚氯乙烯护套低压电缆

习惯称塑料电缆，绝缘电压不低于 1 kV。

第 7 章 电动机和电力拖动基础知识

本章简单分析电动机的工作原理以及电力拖动典型电路图的初识,本章主要是为了后面技能训练做准备。

7.1 电动机

7.1.1 电动机的分类及应用范围

电动机是根据电磁感应原理,把电能转换成机械能,输出机械转矩的原动机。

1. 分类

电动机可分为交流电动机和直流电动机两大类。交流电动机又可分为异步电动机和同步电动机。根据交流电的不同,还可分为三相交流电动机和单相交流电动机。

2. 应用范围

(1)三相笼型异步电动机。

三相笼型异步电动机的结构简单、价格便宜、运行可靠、维修方便,但启动和调速性能较差。三相笼型异步电动机广泛用于不要求调速和启动性能要求不高的场合。

(2)三相绕线转子异步电动机。

三相绕线转子异步电动机主要用于启动、制动比较频繁,启动、制动转矩较大,而且有一定调速要求的生产机械上。

(3)三相同步电动机。

三相同步电动机主要用于要求大功率、恒转速和改善功率因数的场合。

(4)直流电动机。

直流电动机的启动性能好,可以实现无极平滑调速,且调速范畴广、精度高,因此多用于要求在大范围内平滑调速和需要准确的位置控制的生产机械上。

7.1.2 三相笼型异步电动机的结构及使用

1. 基本结构

三相笼型异步电动机包括定子、转子及支撑构件三大部分,结构如图 7-1 所示。

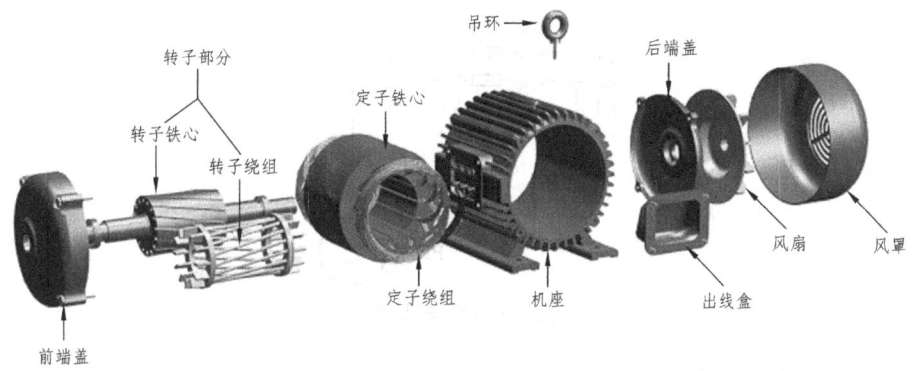

图 7-1 三相笼型异步电动机

（1）定子。

定子是用来产生旋转磁场的，它由定子铁心和定子绕组组成。

（2）转子。

转子是电动机的转动部分，它的作用就是带动其他生产机械旋转做功。转子由转子铁心、转子绕组和转轴三部分组成。

（3）支撑构件。

支撑构件包括机座、端盖等。

2. 工作原理

当笼型异步电动机的定子绕组通以三相交流电时，产生旋转磁场，旋转磁场切割转子绕组，于是在转子绕组中就产生感生电流，电流在磁场中受力，使转子受到电磁力矩的作用，随旋转磁场以低于旋转磁场的速度旋转。

3. 正确使用与维护

（1）使用前的检查。

查看电动机是否清洁，绝缘是否完好，接线是否正确，电动机转轴是否转动灵活，接地装置是否良好等。

（2）运行中的监视与维护。

电动机运行时，要通过听、看、闻等随时监视电动机，电动机出现不正常现象时应及时切断电源，排除故障，报告电工。

7.2 电力拖动基础知识

7.2.1 典型基本电气控制线路

1. 手动正转控制线路

用铁壳开关控制电动机启动和停止的电气线路如图 7-2 所示。其特点是电气线路简单，但不安全、不方便，操作劳动强度大，不能进行自动控制。

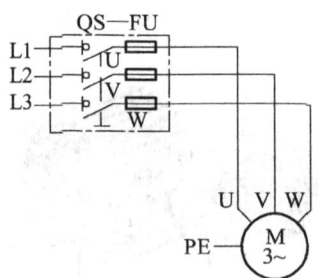

图 7-2　电动机启动和停止

2. 点动正转控制线路

点动正转控制线路图如图 7-3 所示。其动作原理为：按下启动按钮，接触器线圈通电，主触点闭合，电动机转动。松开按钮，接触器失电，电动机停转。该电路的特点是采用了接触器控制，因此控制安全，达到了以小电流控制大电流的目的。

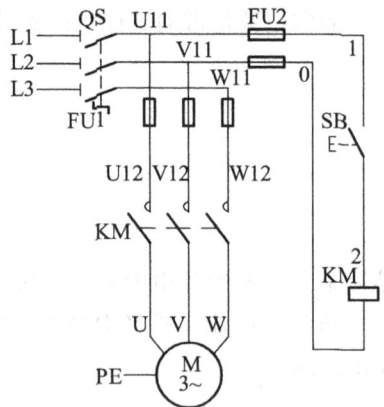

图 7-3　点动正转控制线路

3. 具有过载保护的自锁正转控制线路

具有过载保护的自锁正转控制线路如图 7-4 所示。电路的工作情况是：合上电源开关 QS，引入电源。

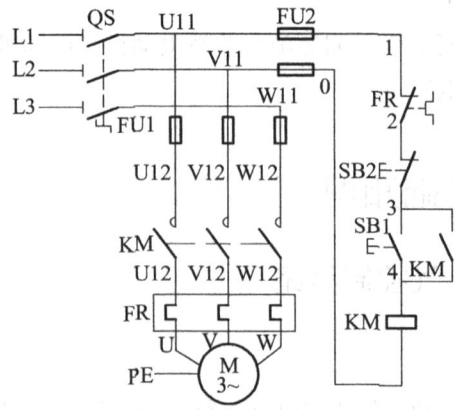

图 7-4　具有过载保护的自锁正转控制线路

启动：

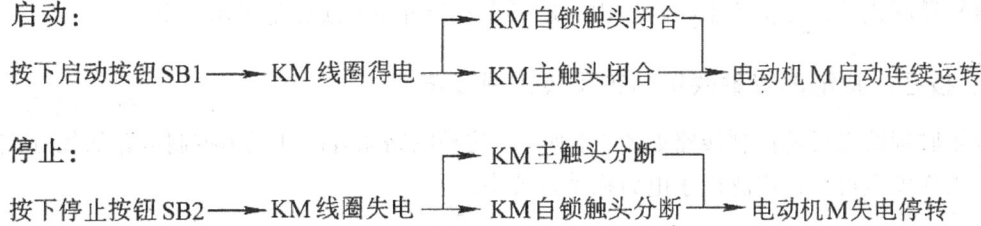

停止：

按下停止按钮SB2 → KM线圈失电 → KM主触头分断 / KM自锁触头分断 → 电动机M失电停转

具有过载保护的自锁控制线路，不仅能使电动机连续运转，而且具有短路保护、过载保护及失压、欠压保护功能。

4. 接触器联锁的正反转控制线路

接触器联锁的正反转控制线路如图7-5所示。其中KM1是正转接触器，KM2为反转接触器。

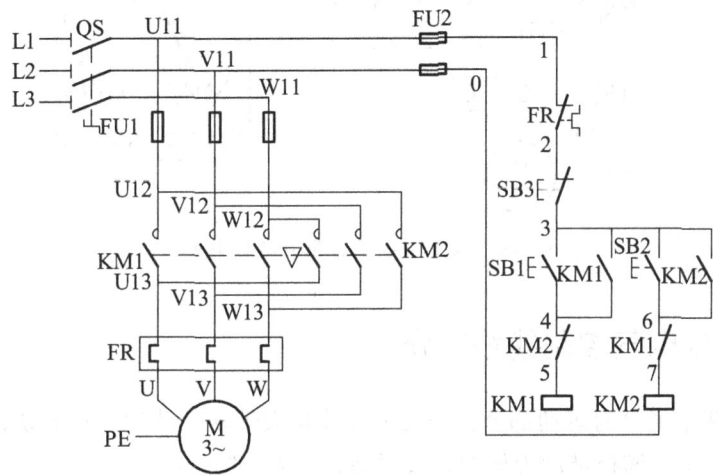

图7-5 接触器联锁的正反转控制线路

其动作原理：

（1）正转控制。

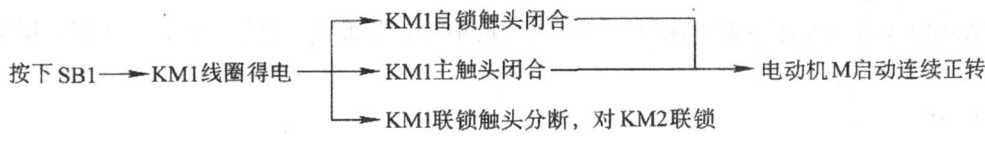

（2）反转控制。

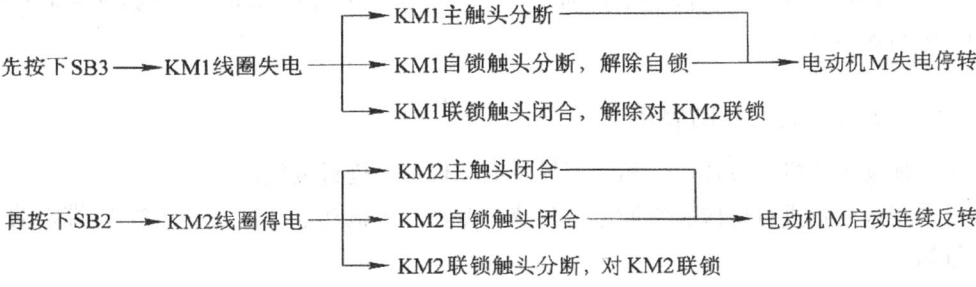

接触器联锁的正反转控制线路的优点是工作安全可靠,缺点是操作不便。

5. 按钮、接触器双重联锁的正反转控制线路

双重联锁的正反转控制线路如图 7-6 所示。这种电路兼有两种联锁控制电路的优点,操作方便,工作安全可靠,广泛用于电力拖动系统中。

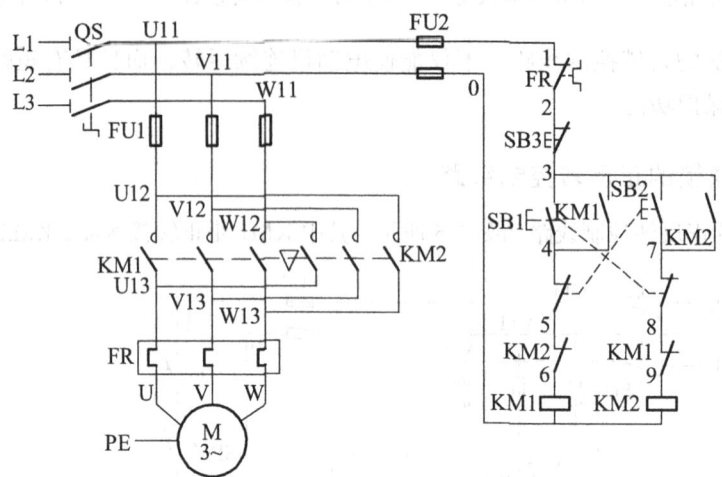

图 7-6 双重联锁的正反转控制线路

7.2.2 车床电气控制线路简介

普通车床有两个主要的运动部分,一是卡盘或顶尖带动工件的旋转运动,也就是车床主轴的运动;另外一个是溜板带动刀架的直线运动,称为进给运动。

下面以 CA6140 型车床为例进行介绍。

1. 主要结构及运动形式

(1) 主要结构。

CA6140 型普通车床主要由床身、主轴箱、进给箱、溜板箱、刀架、丝杠、光杠、尾架等部分组成。

(2) 运动形式。

车床的切削运动包括工件旋转的主运动和刀具的直线进给运动。

车床的辅助运动为车床上除切削运动以外的其他一切必需的运动,如尾架的纵向移动、工件的夹紧与放松等。

2. 电力拖动特点及控制要求

(1) 主拖动电动机一般选用三相笼型异步电动机,不进行电气调速。

(2) 采用齿轮箱进行机械有级调速。为减小振动,主拖动电动机通过几条 V 带将动力传递到主轴箱。

（3）在车削螺纹时，要求主轴有正、反转，由主拖动电动机正反转或采用机械方法来实现。

（4）主拖动电动机的启动、停止采用按钮操作。

（5）刀架移动和主轴转动有固定的比例关系，以满足对螺纹的加工需要。

（6）车削加工时，由于刀具及工件温度过高，有时需要冷却，因而应该配有冷却泵电动机，且要求在主拖动电动机启动后，方可决定冷却泵开动与否，而当主拖动电动机停止时，冷却泵应立即停止。

（7）必须有过载、短路、欠压、失压保护。

（8）具有安全的局部照明装置。

3. 电气控制线路分析

CA6140型卧式车床电路图如图7-7所示。

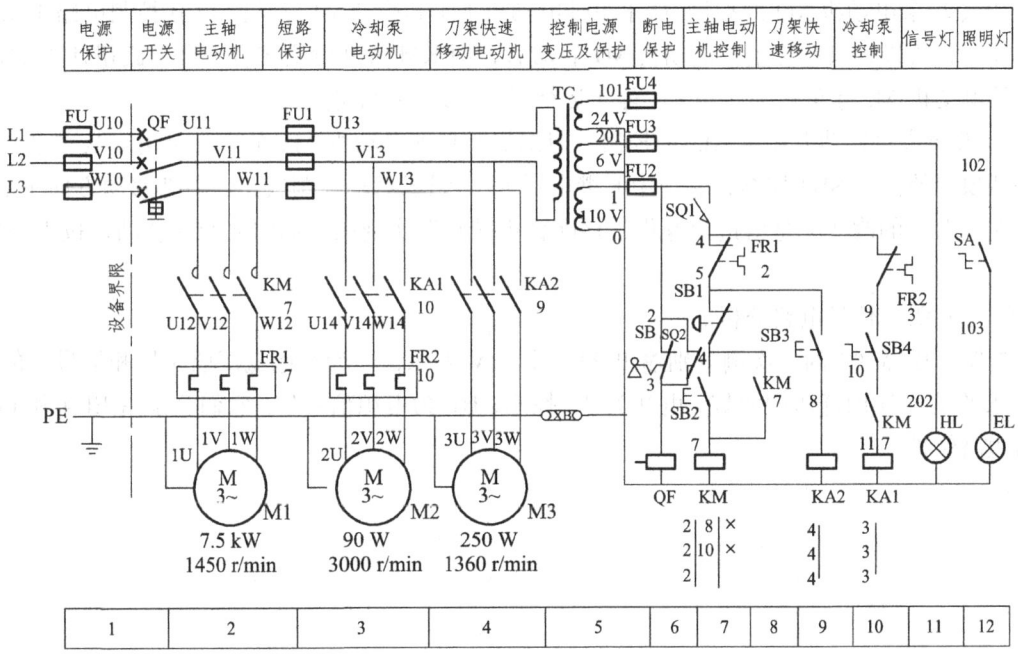

图7-7 CA6140型卧式车床电路图

（1）主电路分析。

主电路共有3台电动机：M1为主轴电动机，带动主轴旋转和刀架做进给运动；M2为冷却泵电动机，用以输送切削液；M3为刀架快速移动电动机。

将钥匙开关SB向右旋转，再扳动断路器QF将三相电源引入。主轴电动机M1由接触器KM控制，热继电器FR1作过载保护，熔断器FU作短路保护，接触器KM作失压和欠压保护。冷却泵电动机M2由中间继电器KA1控制，热继电器FR2作为它的过载保护。刀架快速移动电动机M3由中间继电器KA2控制，由于是点动控制，故未设过载保护。FU1作为冷却泵电动机M2、刀架快速移动电动机M3、控制变压器TC的短路保护。

（2）控制电路分析。

控制电路的电源由控制变压器TC二次侧输出110 V电压提供。在正常工作时，位置开关

SQ1 的常开触头闭合。打开床头 V 带罩后，SQ1 断开，切断控制电路电源，以确保人身安全。钥匙开关 SB 和位置开关 SB2 在正常工作时是断开的，QF 线圈不通电，断路器 QF 合闸。打开配电盘门时，SQ2 闭合，QF 线圈获电，断路器 QF 自动断开。

① 主轴电动机 M1 的控制。主轴的正反转是采用多片摩擦离合器实现的。

M1 启动：

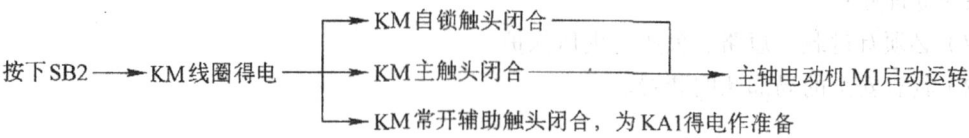

M1 停止：

按下 SB1 ──→ KM 线圈失电 ──→ KM 触头断开 ──→ M1 失电停转

② 冷却泵电动机 M2 的控制。由于主轴电动机 M1 和冷却泵电动机 M2 在控制电路中采用顺序控制，所以，只有当主轴电动机 M1 启动后，即 KM 常开触头闭合，合上旋钮开关 SB4，冷却泵电动机 M2 才可启动。当 M1 停止运行时，M2 自行停止。

③ 刀架快速移动电动机 M3 的控制。刀架快速移动电动机 M3 的启动是由安装在进给操作手柄顶端的按钮 SB3 控制，它与中间继电器 KA2 组成点动控制线路。刀架移动方向（前、后、左、右）的改变，是由进给操作手柄配合机械装置实现的。如需要快速移动，按下 SB3 即可。

（3）照明、信号电路分析。

控制变压器 TC 的二次侧分别输出 24 V 和 6 V 电压，作为车床低压照明灯和信号灯的电源。EL 作为车床的低压照明灯，由开关 SA 控制；HL 为电源信号灯。它们分别由 EU4 和 FU3 作为短路保护。

第 8 章　安全用电

在采取必要的安全措施的情况下使用和维修电工设备。电能是一种方便的能源，它的广泛应用形成了人类近代史上第二次技术革命。有力地推动了人类社会的发展，给人类创造了巨大的财富，改善了人类的生活。本章主要概括介绍安全用电常识。

8.1　用电设备安全

用电设备在运行过程中，因受外界的影响如冲击压力、潮湿、异物侵入或因内部材料的缺陷、老化、磨损、受热、绝缘损坏以及因运行过程中的误操作等原因，有可能发生各种故障和不正常的运行情况，因此有必要对用电设备进行保护。对电气设备的保护一般有过负荷保护、短路保护、欠压和失压保护、断相保护及防误操作保护等，分别介绍如下。

1. 过负荷保护

过负荷是指用电设备的负荷电流超过额定电流的情况。长时间的过负荷，将使设备的载流部分和绝缘材料过度发热，从而使绝缘加速老化或遭受破坏。设备具有过负荷能力即具有一定的过载而又不危及安全的能力。对连续运转的电力机都要有过负荷保护。电气设备装设自动切断电流或限制电流增长的装置，例如自动空气开关和有延时的电流继电器等作为过负荷保护。

2. 短路保护

电气设备由于各种原因相接加相碰，产生电流突然增大的现象叫短路。短路一般分为相间短路和对地短路两种。短路的破坏作用瞬间释放很大热量，使电气设备的绝缘受到损伤，甚至把电气设备烧毁。大的短路电流，可能在用电设备中产生很大的电动力，引起电气设备的机械变形甚至损坏。短路还可能造成故障点及附近的地区电压大幅度下降，影响电网质量。短路保护应当设置在被保护线路接受电源的地方。电气设备一般采用熔断器、自动空气开关、过电流继电器等作为短路保护措施。

3. 欠压和失压保护

电气设备应具有在电网电压过低时能及时地切断电源，同时当电网电压在供电中断再恢复时，也不自动启动，即有欠压、失压保护能力。因为电动机等负载如电压过低会产生过载，而电力设备自行启动会造成机械损坏和人身事故。通常电气设备采取接触器联锁控制和手柄零位启动等作为欠压和失压保护措施。

4. 缺相保护

所谓缺相，就是互相供电电源缺少一相或三相中有任何一相断开的情况。造成供电电源一相断开的原因是：低压熔断器或刀闸接触不良；接触器由于长期频繁动作而触头烧毛，以至不能可靠接通；熔丝由于使用周期过长而氧化腐蚀，以致受启动电流冲击烧断，电动机出线盒或接线端子脱开，等等。此外，由于供电系统的容量增加，采用熔断器作为短路保护，结果也使电动机断相运行的可能性增大。为此，国际电工委员会（IEC）规定：凡使用熔断器保护的地方，应设有防止断相的保护装置。

5. 防止误操作

为了防止误操作，设备上应具有能保护长久、容易辨认而且清晰的标志或标牌。这些标志给出安全使用设备所必需的主要特征。例如额定参数、接线方式、接地标记、危险标志、可能有特殊操作类型和运行条件的说明等。由于设备本身条件有限，不能在其上注出时，则应有安装或操作说明书，使用人员应该了解注意事项。电气控制线路中应按规定装设紧急开关，防止误启动的措施，相应的联锁或限位保护。在复杂的安全技术系统，还要装设自动监控装置。

在实际工作中要重点防止下列电气的误操作：
（1）双投刀闸。
（2）机械联锁组合空气开关。
（3）交流接触器电气联锁控制。

8.2 电气作业安全规定

1. 倒闸操作规定

所有的电气倒闸操作都必须具有下列 6 个条件：要有考试合格并经批准公布的操作人和监护人；现场一次、二次系统要有明显标志，包括命名、编号、铭牌、转动方向、切换位置的指示以及区别电气相色的色漆；要有与现场设备状态和运行方式符合的一次系统模拟图，变电操作还应有二次回路原理和展开图；除事故处理外，操作应有确切的调度命令和合格的操作票（或经上级主管部门批准的操作卡）；要有统一的、确切的操作术语；要有合格的操作工具、安全用具和设施（包括对号放置接地线的装置）。

变电所倒闸操作一般应正确掌握以下 12 个步骤：
（1）调度令发命令，正值班人员接受操作任务；
（2）人对图板填写和操作票；
（3）审票人审票，发现错误应令操作人重新填写；

（4）监护人与操作相互考问和预想；
（5）调度正式发布操作命令；
（6）监护人逐项唱票；
（7）操作复诵并核对设备编号和状态；
（8）操作人人操作并逐项勾票；
（9）检查设备，并使系统模拟图与设备状态一致；
（10）向调度汇报操作任务完成；
（11）做好记录，签销操作票；
（12）复查评价，总结经验。

2. 电气试验工作规定

进行电气试验工作，应采取以下安全措施：

（1）试验人员必须了解仪器、仪表等试验设备的性能和使用方法。否则，应由熟悉该设备的其他试验人员来监护操作。

（2）至少应有两人进行试验，且必须穿绝缘靴或站在绝缘垫上；试验时必须传达正确的口令，并做到有"呼"有"应"。

（3）试验接线要正确无误，接线后和试验前都要复查线路，将调压器转到零位。

（4）有电容的设备，在试验前后都应放电；有静电感应的设备，只有接好地线才可接触。

（5）试验用的电源应有信号灯指示，并且要有明显的断开点。

（6）只有确认该设备已无电和设备近旁无人进行工作，才可合闸试验。

（7）试验人员与高压带电部分应保持规定的安全距离，并设临时遮栏。

（8）进行高压试验时，必须将工作范围用红布带或红绳圈起，并挂红色小旗和"止步，高压危险！"标示牌，必要时应设专人监护。

（9）试验完毕，应检查所试设备上有无遗忘的工具和其他物体，并将所试设备恢复到试验前的状态。

3. 带电作业规定

无论采用直接带电作业还是间接带电作业，为了保证作业人员的人身安全，都必须满足以下几项基本要求：

（1）在直接带电作业中，通过人体的电流应限制在 1 mA 以下，以确保人身安全，无损健康。在间接带电作业中，通过人体的电流主要取决于绝缘工具的泄漏电流。因此，必须使用优质绝缘材料来制作绝缘工具。

（2）必须将高压电场的场强限制到对人身安全和健康均无损害的程度。如果作业人员身体表面的电场强度短时不超过 200 kV/m，则是安全可靠的。如果超过上述值，则应采取必要的安全技术措施，如对人体加以屏蔽等。

（3）作业人员与带电体的距离，应保证在电力系统中产生各种异常电压时不致发生闪络放电。

（4）参加带电作业的人员需经过严格的工艺培训，并考试合格，进行作业时要有专人监护。

（5）复杂的带电作业，应事先编制相应的操作工艺方案和严格的操作程序，并采取可靠的安全技术措施。

（6）带电作业应选在天气晴朗的日子进行。

（7）必须停止使用作业线路上断路器的自动重合闸装置。

8.3 电气防火、防爆

电气火灾和爆炸事故在火灾和爆炸事故中占有很大的比例。多种事故的发生除可造成人身伤亡、设备毁坏外，还可能造成大规模或长时间的停电，严重影响生产和人民生活，因此做好电气防火防爆工作，防止事故的发生是十分重要的。

8.3.1 电气火灾和爆炸原因

在电力系统中，火灾和爆炸的危险性和原因各不相同。但总的来看，除设备缺陷、安装不当等设计和施工方面的原因外，在运行中由电流产生的热量、电火花或电弧等是引起电气火灾和爆炸的直接原因。

1. 危险温度

危险温度是因电气设备过热所引起，而电气设备过热主要由电流产生的热量所造成。电气设备运行时总会发出热量，但只有当电气设备的正常运行条件遭到破坏时，其发热量增加，湿度升高，从而才会引起火灾。

引起电气设备过度发热的不正常运行，大体可归纳为以下几种情况。

（1）短路。

发生短路时，线路中的电流增加为正常时的几倍甚至几十倍，而产生的热量可和电流平方成正比，使得温度急剧上升，大大超过允许范围。如果温度达到自燃物的自燃点或可燃物的燃点，即会引起燃烧，导致火灾。容易发生短路情况有：

① 电气设备的绝缘老化变质，受机械损伤，在高温、潮湿或腐蚀的作用下使绝缘破坏。

② 由雷击等电压的作用，使绝缘击穿。

③ 安装和检修工作中，由于接线和操作的错误。

④ 由于管理不严或维修不及时，有污物聚积、小动物钻入等。

此外，雷电放电电流极大，比短路电流大得多，甚至可能引起火灾爆炸。

（2）过载。

过载也会引起电气设备发热，造成过载的原因大体有如下几种情况：

① 设计、选用的线路或设备不合理，以致在额定负载下出现过热；

② 使用不合理，如超载运行、连续使用时间超过线路或设备的设计值，造成过载；

③ 设备故障运行造成设备和线路过载，如三相电动机单相运行、三相变压器不对称运行，均可造成过热。

（3）接触不良。

① 不可拆卸的接头连接不良，焊接不良，或接头处混有杂质，都会增加接触电阻而导致接头过热。

② 可拆卸的接头连接不紧密，或由于振动而松动也会导致过热。

③ 活动触头，如刀开关的触头、接触器的触头、插入式熔断器的触头等活动触头，没有足够的接触压力或接触表面粗糙不平，都会导致触头过热。

④ 电刷的滑动接触处没有足够的压力或接触表面脏污、不光滑，也会导致过热。

对于铜铝接头，由于性质不同，接头处易受电解作用而腐蚀，从而导致过热。

（4）散热不良。

各种电气设备在设计和安装时都考虑有一定的散热或通风措施，如果措施受到破坏，可造成设备过热。

除上述各点以外，电灯和电炉等直接利用电流产生的热能工作的电气设备，工作温度都比较高，如安装和使用不当，均可能引起火灾。

2. 电火花和电弧

电火花是电极间击穿放电，电弧是由大量密集的电火花汇集而成。在有爆炸危险的场所，电火花和电弧是一个十分危险的因素。电火花大体分为两类：

（1）工作电火花：是指电气设备正常工作时或正常操作过程中产生的火花，如交、直流电机电刷接触滑动小火花；开关或接触的开合的火花等。

（2）事故火花：是线路或设备发生故障时出现的火花。如发生短路或接地时的火花；绝缘损坏网络及导电体松脱时的火花；保险丝熔断时的火花；过压放电火花；静电火花；感应电火花及修理工作中错误操作火花等。

应当指出，电气设备本身故障一般不会出现爆炸事故。但在以下场合可能引起空间爆炸：周围空间有爆炸性混合物，在危险温度或电火花作用下，老旧设备（油断路器、电力变压器、电力电容器和老油套管）的绝缘油在电弧作用下分解和汽化，喷出大量油雾和可燃气体；发电机氢合装置漏气、酸性蓄电池排出氢气等都会形成爆炸混合物引起空间爆炸。

8.3.2 电气灭火知识

电气灭火一般有两个特点：一个特点是火后电气设备可能是带电的，如不注意，可能引起触电事故；另一个特点是有些电气设备（如电力变压器、油断路器等）本身充有大量的油，可能发生喷油甚至爆炸事故，扩大火灾范围，因此在进行灭火时，应首先注意这两个方面的问题。

1. 触电危险和断电

发现起火后，首先要设法切断电源。切断电源时应注意以下几点：

（1）火灾发生后，由于受潮或烟熏，开关设备绝缘能力降低。因此，拉闸时最好用绝缘工具操作。

（2）高压应先操作油断路器而不应先操作隔离开关切断电源；低压应先操作磁力启动器而应不先操作闸刀开关切断电源，以免引起弧光短路。

（3）切断电源的地点要选择适当，防止切断电源后影响灭火工作。

（4）剪断电线时，不同相电线应在不同部位剪断，以免造成短路；剪断室中电线时，剪断位置应选择在电源方向的支持物附近，以防止电线剪断后落下来造成接地短路或触电事故。

2. 带电灭火安全要求

有时为了争取灭火时间，来不及断电，或因生产需要或其他原因，不允许断电，则需带电灭火。带电灭火需注意以下几点：

（1）选择适当的灭火器。二氟一氯一溴甲烷（1211）灭火器的灭火剂是不导电的，对设备也没有污染，可用于带电灭火。但一般1211灭火器能量较小，适用于扑灭电气初期起火；对于起火范围大、火势猛、能量大的情况，需采用干粉灭火器灭火。泡沫灭火器的灭火剂（水溶液）具有导电性，禁止对电气设备带电灭火。

（2）用水枪灭火时适宜采用喷雾水枪，通过水柱的泄漏电流小，带电灭火比较安全。

（3）人体与带电体之间保持必要的安全距离。

（4）对架空线路等空中设备进行灭火时，人体位置与带电体之间的偏角不超过45°，以防导线断落伤人。

（5）如遇带电导体断落地面，要划出一定的警戒区，防止跨步电压伤人。

3. 充油设备灭火要求

充油设备的油闪点多在130～140℃，有较大的危险性。如果只在设备外部起火，可用1211和干粉等灭火器带电灭火。如火势较大，应切断电源，并可用水灭火。如油箱破坏，喷油燃烧，火势很大时，除切断电源外，应设法将油放进事故储油坑内，再用泡沫扑灭。电缆沟内的油火可用黄沙覆盖灭火或用泡沫灭火器覆盖扑火。

8.4 触电急救

8.4.1 触电类型及触电事故的特点

1. 触电类型

根据电流通过人体的路径及触及带电体的方式，一般可将触电分为单相触电、两相触电和跨步触电等。

（1）单相触电。

当人体某一部位与大地或与大地绝缘不佳接触，另一部位触及一带电体所致的触电事故为单相触电。

（2）两相触电。

发生触电时人体的不同部位同时触及两相带电体（同一变压器供电系统）称两相触电。

（3）跨步电压触电。

当带电体接地处有较强电流进入大地时（如输电线路故障），电流通过接地体向大地作半球形流散，并在接地点周围地面产生一个相当大的电场。人体如双脚分开站立，则施加于两足的电位不同而致两足间存在电位差，称跨步电压。人体触及跨步电压而造成的触电，称跨步电压触电。

2. 触电事故的特点

我们已经知道电流通过人体会对人体造成损伤，即电击伤，通常称电击伤为触电。触电事故发生有如下规律：

（1）作业人员缺乏安全用电知识或不遵守安全技术要求，违章作业的。

（2）有明显的季节性。一年中，春、冬两季触电事故较少，夏、秋两季（六、七、八、九月）触电事故特别多。

（3）低压工频电源及家电触电事故多，占总数的90%以上。

（4）潮湿、高温、有腐蚀性气体、液体或金属粉类场所较易发生触电事故。

8.4.2 触电伤害的临床表现

1. 全身性反应及现场解救措施

（1）心跳停止，但呼吸尚存在，立即采用胸外挤压法和人工呼吸。

（2）呼吸停止，心跳尚存在，立即采用口对口进行人工呼吸。

（3）心跳、呼吸均停止，立即采用胸外挤压法与口对口人工呼吸法同时进行。如果现场抢救只有一人，则必须两种人工呼吸法交叉进行。时间就是生命，有心跳无呼吸或者有呼吸无心跳的情况只是暂时的，如果不及时抢救就会导致心跳、呼吸全停止，丧失抢救的最佳时期。

2. 局部的电灼伤

局部的电灼伤常见于电流进出的接触处。电流进入人体所致的伤口通常为一个，但电流流出所致的伤口可为一个以上。电灼伤可对人体造成各种伤害。常见及典型的临床表现如下：

（1）皮肤金属微粒沉着：电流产生的热量及电解作用使金属微粒和导电离子侵袭皮肤及皮下组织。

（2）灼伤：由电流和电弧所产生的高热会烧伤人体组织。

（3）电络伤：又称电流印，是电流对人体的一种特殊损伤，由电流的热效应和化学效应所致。

（4）电纹：在电流进入流出部位皮肤处，可见到灰白色或红色的树枝形纹路。

8.4.3 触电现场的处理

1. 心脏复苏开始时间与存活率关系

触电现场急救是整个触电急救过程中的关键环节之一，一般分为三期。

（1）初期复苏（基本生命支持）。

迅速了解触电者的情况，立即对症处理。应用人工呼吸法及体外心脏挤压法维持其呼吸及血液循环。

（2）二期复苏（进一步生命支持）。

恢复心脏自主搏动及自主呼吸，维持良好的血液循环及气体交换。

（3）后期复苏（持续生命支持）。

心跳、呼吸恢复后，必须采取措施，防止脑组织缺氧受损的进一步发展，并促使脑功能的恢复。

实践证明，要想使复苏成功，需在 4 min 内进行初期复苏，并在 8 min 内开始二期复苏工作。触电现场急救实际就是初期复苏，所以每一个电气作业人员必须熟练掌握的急救技术。一旦发生事故，就能立即正确地在现场进行急救。

2. 触电现场处理

发生触电事故时，现场急救的具体操作可分为迅速触脱电源、简单诊断和对症处理三大部分。

（1）迅速解脱电源。

一旦发生触电事故时，切不可惊慌失措、束手无策，首先要设法使触电者脱离电源。一般方法：

① 切断电源。当电源开关或电源插头就在事故现场附近时，可立即将闸刀打开或将电源插头拔掉，使触电者脱离电源。

② 用绝缘物（如木棒、竹竿、手套等）移去带电导线，使病人脱离电源。

③ 用绝缘工具切断带电导线（如电工钳、木柄斧以及锄头等）断开电源。

④ 拉拽触电者衣服，使之摆脱电源。

必须指出，上述办法仅适用于 220/380 V "低压"触电的抢救。对于高压触电应及时通知供电部门，采取相应紧急措施，以免产生新的事故。

（2）简单诊断。

解脱电源后，病人往往处于昏迷状态或"临床死亡"阶段。只有做出明确判断，才能及时正确地进行急救。

① 判断是否丧失意识；

② 观察有否呼吸存在；

③ 检查颈动脉有否搏动；

④ 观察瞳孔是否扩大。

（3）处理方法。

经过简单诊断的病人，一般可按下列情况分别处理：

① 病人神志清醒，但感乏力、头昏、心闷、出冷汗，甚至有恶心或呕吐，其应当就地安静休息，以减轻心脏负荷，加快恢复；情况严重时，应小心送往医疗部门，途中严密观察病人，以防意外。

② 病人呼吸、心跳尚存，但神志不清。应使其仰卧，保持周围空气流通，注意保暖，并且立即通知或送往医院抢救。此时还要严密观察，做好人工呼吸和体外心脏挤压急救的准备工作。

③ 假如检查，发现病人已处"假死"状态，则应立即针对不同类型的"假死"进行对症处理，若呼吸停止，则用口对口人工呼吸法维持气体交换；若心脏停止跳动，则用体外人工心脏挤压法来重新维持血液循环；若呼吸心跳全停，则需同时施行体外心脏挤压和口对口人工呼吸。同时应立即向医疗部门告急抢救。

第 2 篇　技能训练篇

第 9 章　Multisim 仿真

9.1　Multisim 介绍

随着电子技术的发展,电子元器件的种类越来越多,集成度越来越高,所涉及电路的复杂度也越来越高,而电子厂品的更新周期也越来越短,传统的设计方法完成电路的功能设计、逻辑设计、性能分析、时序测试直至印制电路板的设计与调试,除了设计周期过长以外也不太经济。现在,电子产品已和计算机产品紧密相连,借助 EDA(Electronic Design Automation,电子设计自动化)软件除了可以完成传统的设计外,还可以进行多种测试,如元器件的老化试验、印制电路板的温度分布和电磁兼容性测试等等。现代电子技术的发展已经进入了片上系统(System-on-Chip)的时代,大学里传统的电子技术实验方法的改进刻不容缓。为此,我们在实验中引入了虚拟电子技术,试图给学生建立一种全新的实验观念,以便学生毕业后可以更快地与工作接轨。

虚拟电子技术是 20 世纪末出现的新事物。由于计算机性价比的不断提高,这一技术得以走进大学的实验室。随着这一技术被人们了解与接受,它在大学电工电子实验中的地位将会越来越重要。

虚拟电子实验台是一种利用在计算机上运行的电路仿真软件进行硬件实验的平台。由于仿真软件可以逼真地模拟各种电子元器件以及一些仪表,从而不需要任何真实的元器件与仪器就可以进行电路、数字电路、模拟电路课程中的各种实验。它具有功能全、成本低、效率高、易学易用及便于学习、便于开展综合性或设计性实验等优点。它不仅可以作为现行的各种实验的一种补充与代替手段,而且可以作为复杂的电子系统的设计、仿真与实验的实用手段,可以实现电子电路系统的 EDA。这是当今电子系统的必然发展方向。加拿大 Interactive Image Technologies 公司出品的 Electronics WorkBench 是一种典型的虚拟电子实验台。下面我们就以它的 Multisim7 版本(以下简称 Multisim)为例来介绍它的基本功能和用法。由于 Multisim 的功能很强,限于篇幅的原因,许多操作上的细节不可能面面俱到,这些细节只有靠大家自己去钻研、摸索和总结了。

9.2　Multisim 的组成及特点

1. 组成

Multisim 以著名的 SPICE 为基础,由三部分集成起来:电路图编辑器(Schematic Editor)、SPICE3F5 仿真器(Simulator)和波形的产生与分析器(Wave Geneator & Aalyzer)。三者之

间的关系如图 9-1 所示。仿真器为其核心部分，采用了最新版本的电路仿真软件 SPICE3F5，这是一种 32 位的相互增强型仿真器。所谓交互式，即在仿真过程中可接受用户的修改操作，从而使得在虚拟实验台上，实验操作者们的感受十分逼近真实的实验环境。该仿真实验软件还具有如下列优点：支持 Native 模式的数字以及模拟与数字的混合的仿真；能自动插入信号变换接口；支持层次化电路模块的多次重用；采用 GMIN 步进算法改进了收敛；对仿真电路规模与复杂性均无预订的限制。

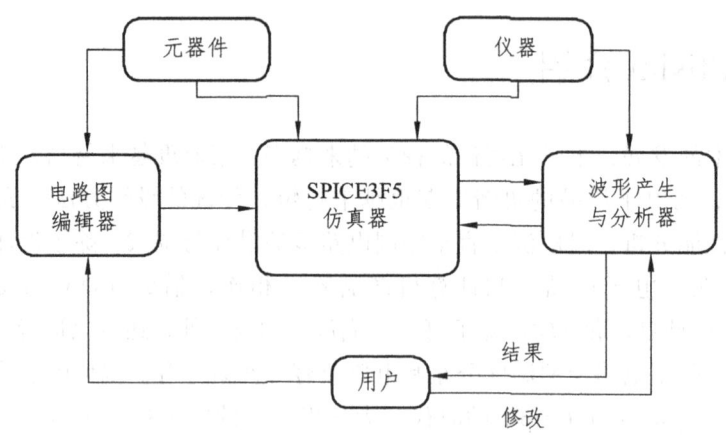

图 9-1　Multisim 结构图

2. 特点

Multisim 提供了良好的操作界面，绝大部分的操作通过鼠标的拖放即可完成，十分方便、直观。

Multisim 提供了一个非常强大的元器件数据库，数量众多，共计千种。大多数元器件均提供虚拟和封装两种形式，这就给电路原理的应用带来了便利。另外，根据需要可方便地新建或扩建元件库，也可通过 Internet 更新。

Multisim 所提供的测量精度很高，其外观、面板布置以及操作方法与实际仪器均十分接近，便于掌握。

Multisim 提供了强大的分析功能，包括交流分析、直流分析、温度扫描分析、噪声分析、蒙特卡咯分析及用户自定义分析等共 19 种。此外，还可在电路中设置人为故障，如开路、短路及不同程度的漏电，观察电路的不同状态，以加深对基本概念的理解。

Multisim 还提供原理图输入接口，具有全部的数模 Spice 仿真功能、VHDL/V 设计接口与仿真功能、FPGA/CPLD 综合、RF 设计能力和后处理功能，还可以进行从原理图到 PCB 布线工具包（如：Electronics Workbench 的 Ultboard2001）的无缝隙数据传输。

9.3　Multisim 基本功能及使用

1. Multisim 的操作界面

启动 Multisim 以后，可以看到一个如图 9-2 所示的操作窗口。Multisim 的操作界面可以分为以下几个部分：

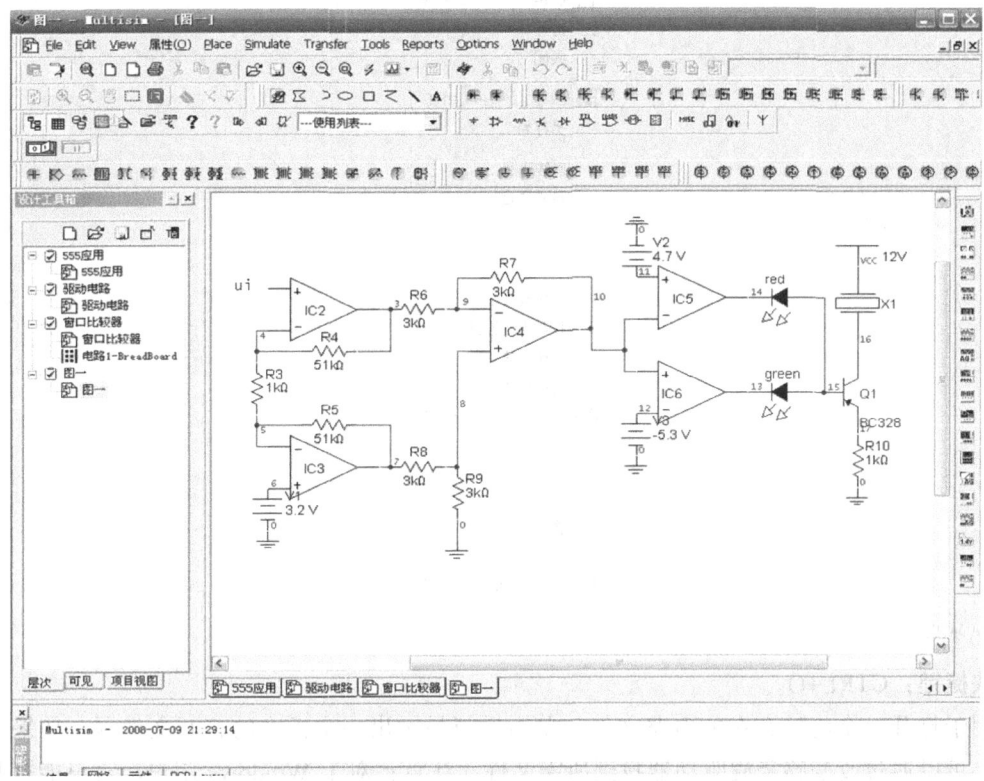

图 9-2　Multisim 的操作界面

（1）电路窗口。电路窗口如图 9-2 所示，该区域为 Multisim 的主要工作区域，所有电路的输入、连接测试、测试及仿真均在该区域完成

（2）菜单栏。菜单栏位于电路窗口的上方，为下拉式菜单，共分为以下几类：文件，放置，仿真，转换，工具，选项，窗口，帮助。关于菜单的内容在后面还有详细的叙述。

（3）工具栏。像 Windows 工具栏一样，Multisim 把一些常用的功能以图标的形式排列成一条工具栏，以便于用户使用。各个图标的具体功能请参阅相应菜单中的说明。

（4）元件栏及仪器库栏。在电路窗口的左边和右边以图表的形式给出了 Multisim 中可用的元器件库和测量仪表库。关于元器件库和测量仪表库中各个图标所表示的含义在后面有详细介绍。

2. Multisim 的菜单

（1）文件菜单。文件菜单如图 9-3 所示。
① 新建文件。
快捷键：CTRL+N。
打开一个无标题的电路窗口，可以建立一个新电路。如果对当前电路做了改动则在退出窗口时会出现命令提示且保存当前电路。当启动 Multisim 时，总是自动打开一个新的无标题电路窗口。

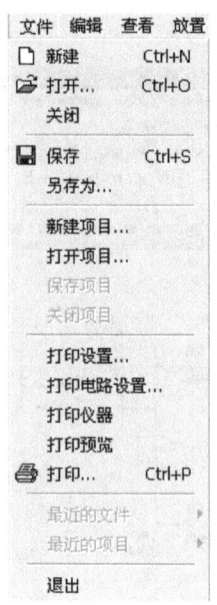

图 9-3　文件菜单

② 打开。

快捷键：CTRL+O。

用于打开一个已经存在的电路文件。单击后将显示出一个标准的打开文件框。如果需要的话，可以通过改变路径或驱动器找到所需文件。注意：对于 Windows 用户而言只能打开扩展名为.msm，.ca*，.cir，.utsch 或.ewb 的文件。

③ 保存。

快捷键：CTRL+S。

用于保存当前编辑的电路文件。单击后将显示一个标准的保存文件对话框。当然根据需要也可以选择所需的路径或驱动器。对于 Windows 用户，文件的扩展名将会被自动被定义为.msm。例如，若已打开的电路文件名为 Circuit1，则它会被保存为 circuit1.msm。如果想原电路不被改变，则可以选择同一菜单中的 Save As（另存为）命令。

④ 另存为。将当前电路用一个新文件名保存，原始文件并未被改变。用这个命令在一个已存在的电路上进行实验比较安全。

⑤ 打印电路。打印当前工作内的电路图，其中包括 Print（打印）、Print Preview（打印预览）和 Print Circuit Setup（打印电路设置）命令。

⑥ 打印报表。列表打印当前工作区内所编辑电路图中的材料清单、指定元器件库中元器件清单和元器件的详细资料。

⑦ 打印仪表结果。选择打印当前工作区内仪表显示数据或波形图。

⑧ 打印设置。单击后将显示一个标准的打印对话框，该对话框为 Windows 自带的，根据 Windows 版本的不同略有所差异。因为电路一般都是宽度大于高度，所以建议在"方向"栏中选择"横向"。如果一个电路太大，超过一张纸，它将自动延伸至全部打印完毕。

⑨ 最近的文件。可以在最近打开过的文件中选择一个打开。

⑩ 退出。关闭当前电路窗口并退出 Multism。如果电路已被修改，将会提示是否保存该电路。

另外，还有一些命令，如 New Project、Open Project、Save Project、Close Project 和 Version Control 是指对某些专题文件进行处理，仅在专业版中出现，教育版中无此功能，故这里不再介绍。

（2）编辑菜单。编辑菜单如图 9-4 所示。

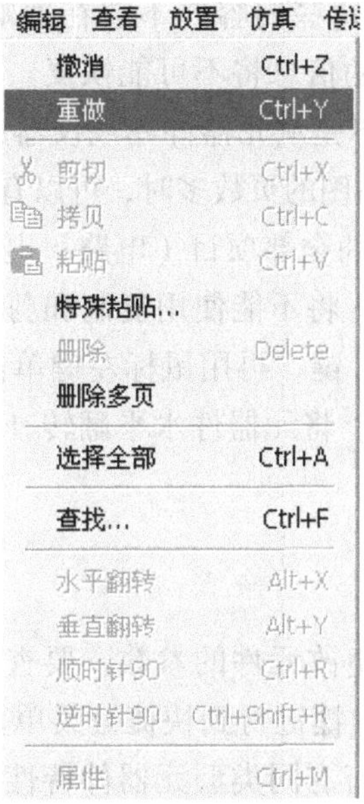

图 9-4　编辑菜单

① 取消操作。

快捷键：CTRL+Z。

② 剪切。

快捷键：CTRL+X。

用于除去所选择的文件、电路或者文本。被除去的内容将存放在剪贴板上，根据需要可以将其放在别的地方。注意，所剪切的内容中不能含有仪器图标。

③ 复制。

快捷键：CTRL+C。

用于复制所选择的元件、电路或文本。复制的内容被放在剪贴板上，根据需要用"粘贴"命令可以将其粘贴复制到别的地方。同样，复制的内容里也不能含有仪器图标。另外，如果有新的内容被剪贴或复制到剪贴板上，那么剪贴板上的内容将被覆盖，所以，假如想要就地删除一些内容而又不想使剪贴板上的内容丢失，那么就应该使用删除。

④ 粘贴。

快捷键：CTRL+V。

将剪贴板上的内容粘贴在被激活的窗口中（粘贴板的内容仍然存在）。剪贴板上的内容可以是元件或文本，其类型只能粘贴到有相似类型的地方。例如，不能将元器件粘贴到电路描述窗口。注意，如果剪贴板上是以为图形式复制的，将不能粘贴在 Multisim 中。

⑤ 特殊粘贴。粘贴的内容可以选择。可以选择只粘贴元器件；粘贴元器件和连线；也可以包含元器件名和节点名。由于元器件的参考名和节点名是由系统按顺序自动给定的，所以在粘贴过程中会被重新命名。

⑥ 删除。

快捷键：Del。

永久性地删除元器件或文本。这些内容并不放在剪贴板上，也不影响当前剪贴板的内容。要小心使用删除命令，被删除的信息将不可能恢复。注意，删除一个元器件或仪器是将它们从当前的电路窗口移出去，而不是从元器件库或仪器库中删除。

⑦ 多页中的删除。当设计的电路图的页数多时，可以有选择地删除其中的某页或某几页。

⑧ 全部选定。选定激活窗口中的全部项目（电路；电路窗口，子电路窗口或电路描述窗口）。如果选定的项目中含有仪器，将不能使用复制和剪切命令。若要选择绝大多数项目，则可以先全部选定，然后按住 CTRL 键，再用鼠标左键单击不想选定的目标即可。

⑨ 改变元器件方向的一组工具。将元器件水平翻转 180°；将元器垂直水平翻转 90°；将元器顺时针翻转。

⑩ 元器件属性。

快捷键：CTRL+M。

打开元器件属性对话框，可以更改元件的参数。要查看所选元件的特性，也可用鼠标左键单击该元器件，如果用鼠标单击快捷键得到快捷键菜单里 Component Properties（元器件属性）命令，在同一电路中所用到的所有同类型元器件特性都将被赋予默认值，但并不影响已经存在的元器件。需要注意的是元器件库栏中绿色的是虚拟元件，是可以随意改变参数的；黑色元器件是有封装的真实元器件，参数是确定的，不可以改变。

某虚拟电阻元器件特性对话框如图 9-5 所示，其选项根据所选元器件的不同可能略有差异，主要的选项如下：

标号：该选项用于设置或改变元器件的标号和参考标号，有些元器件导线和接地则没有编号。在电路窗口中，要选择电路图上是否出现元器件标志和参考编号，可使用电路图选项对话框里的显示/隐藏选项。当旋转或反转一个元器件时，它的标志位置可能发生变化，如果此时有一根导线叠加在标志上，那么可以通过在标志输入区域中在标志中前面加若干空格的方法解决。除了标志以外，若还要给电路加上一些文字说明，则可通过窗口菜单栏选择进入描述区域。注意，参考编号是由系统自动分配给元器件的，且具有唯一性，必要时可以修改，但必须保证不能有重复，参考编号不能被删除。

数值：该选项用于设置元器件的数值。根据元器件种类的不同，设置的数值数也会不同。例如，对于电阻，除了需设置电阻（R）外，还需设置其一系数（TC1）和二阶温度系数（TC2）。

模型：图 9-5 中未列出，该选项用于所选择元器件的模型或型号，也可以用于编辑、添加或删除元器件模型和库，还可以编辑元器件的封装形式。元器件类型的默认设置（default）为理想化（ideal）的，这能满足大多数电路仿真（Circuit Simulation）的要求，同时也能加快仿真的速度。如果想增加实验结果的精度，也可以选择一个具体的真实型号。故障（Fault）：

快捷键为 CTRL+F，使用该功能可以在一个元器件上设置故障。故障类型有以下几种：① 漏电电流（Leakage）：在所选元器件的两端并联一个一定数值电阻，从而使通过元器件的电流最小。② 短路（Short）：在所选元器件的两端并联一个数值很小的电阻，从而使该元件失效。③ 开路（Open）：在所选元器件的某一端串联一个数值很大的电阻，就像连接到该端的接地线一样。

显示：用于显示元器件的标志和参考编号。

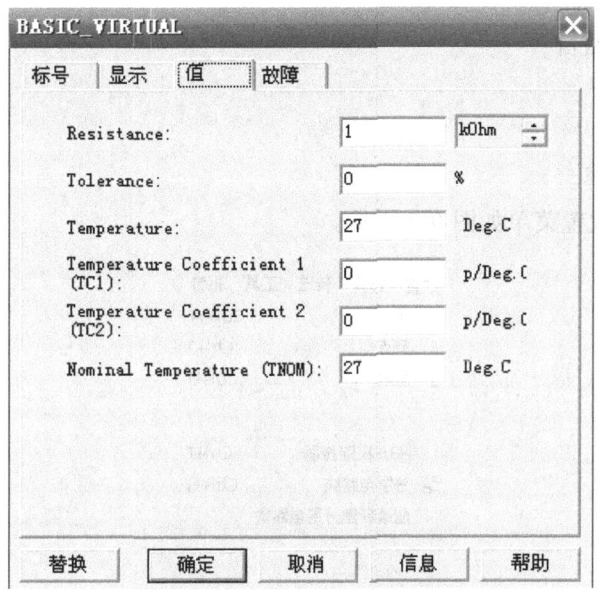

图 9-5 虚拟电阻元件特性对话框

（3）视图菜单。视图菜单如图 9-6 所示。

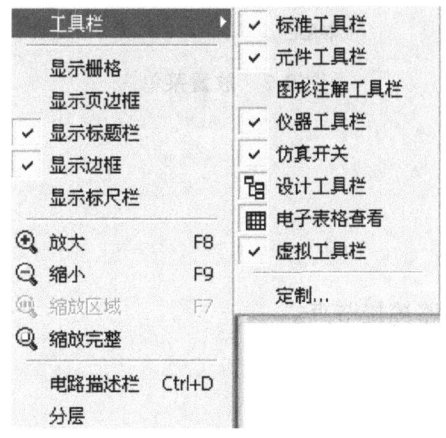

图 9-6 视图菜单

① 工具栏。用于选择需要显示或隐藏的是工具栏，类型有：标准工具栏，元器件工具栏，图形注释工具栏，仪器工具体栏，仿真开关，虚拟工具体栏，等。

② 用于显示/隐藏的一组选项，用于显示或隐藏网络，页面范围，边界，标尺，等等。
③ 用于缩放的一组选项。
④ 分析图。

快捷键：CTRL+G。

用于弹出分析图窗口。

⑤ 显示图标。

⑥ 显示仿真开关。

⑦ 显示文本描述窗口。

⑧ 显示栅格。

⑨ 显示页面范围。

⑩ 显示标题和边界。

（4）放置菜单。放置菜单如图9-7所示。

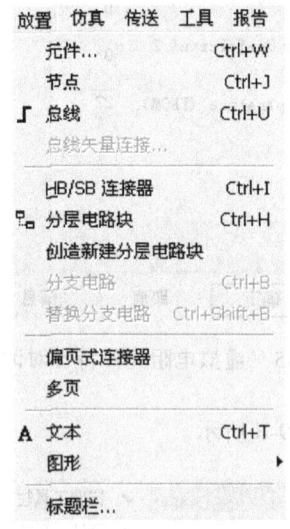

图 9-7　放置菜单

① 放置一个元器件。
② 放置一个节点。
③ 放置一根总线。
④ 总线矢量连接。
⑤ 放置一个层次块/子电路连接节点。
⑥ 放置一个层次块。
⑦ 创建新的层次块。
⑧ 放置一个子电路。
⑨ 用子电路替换。
⑩ 放置文字。
⑪ 放置一个标题栏。

（5）仿真菜单。仿真菜单如图9-8所示。

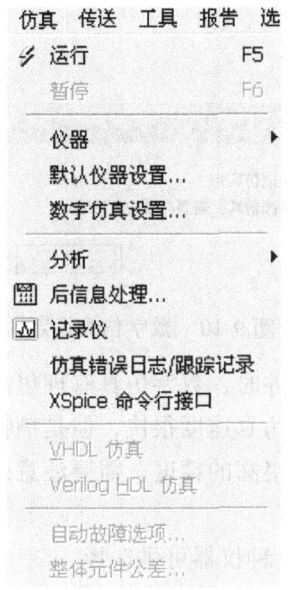

图9-8　仿真菜单

① 运行。快捷键为F5，选择此命令可使仿真程序运行（相当于给电路接通了电源），同时将对电路中测试点的数值进行计算。也可激活来自发生器的数字电路。

② 暂停。快捷键为F6，作用是暂时中断或恢复电路的仿真过程，利用此命令可根据仿真或显示波形随时方便地调整电路的参数和仪器设置，对于一些简单的电路，仿真过程将很快被暂停。

③ 仪器。可以在此选择各种仿真仪器，仪器与右侧工具栏里的相同。

④ 默认仪器设定。默认仪器设定如图9-9所示。

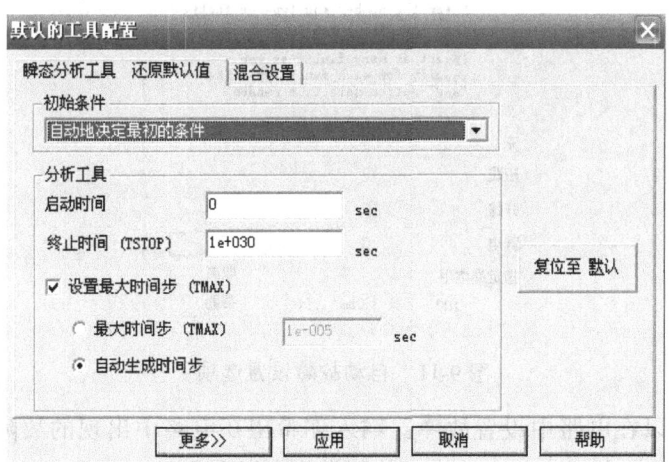

图9-9　默认仪器设定

主要是瞬态分析所用仪器的默认设定：a. 初始条件：置零；用户自定义；计算直流工作点，此为默认选项；自动确定初始条件。b. 仪器分析：开始时间默认为0；结束时间默认为

1e+030s；设置最大时间步长，默认值为 1e-005s，增大该值可加快仿真速度，但会使精确度减小；自动产生步长。

⑤ 数字仿真设定如图 9-10 所示。

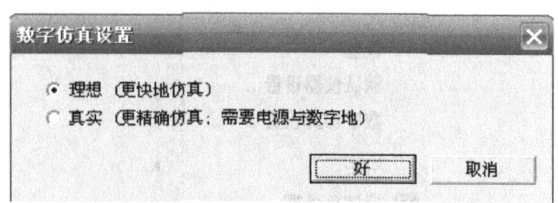

图 9-10　数字仿真设定

当需仿真的电路中有数字元器件时，数字仿真有理想的和真实的两种方式可以选择，取决于对速度或精度的要求。理想的仿真速度很快，但是牺牲了精度；真实仿真由于计算全部的变化所以速度较慢，但它能获得很高的精度。需要注意的是，当使用真实仿真时，电路中须加数字电源和数字地。

⑥ 仪器。选择仿真仪器。有 11 种仪器可供选择。

⑦ 分析。选择分析方法。Multisim 共有 19 种分析方法可供选择。

⑧ 后处理。用于打开后处理器对话框。

⑨ 仿真错误日志。

⑩ Xsice 命令行窗口。

⑪ VHDL 仿真。用 VHDL 语言进行仿真。

⑫ Verilog HDL 仿真。用 Verilog HDL 语言进行仿真。

⑬ 自动故障设置选项如图 9-11 所示。

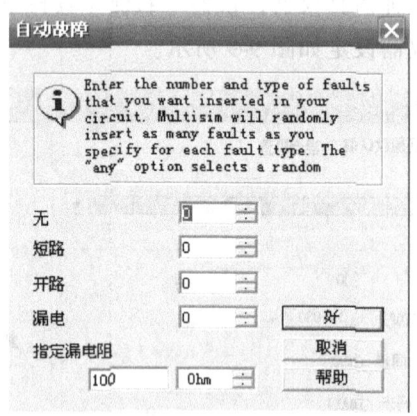

图 9-11　自动故障设置选项

使用该功能可以在电路中设置故障。输入你希望在电路中出现的故障的类型和数量，Multisim 会随机地将它们插入到电路中。故障类型有以下几种：a. 漏电流：在所选元件的两端并联一个一定数值电阻，从而使通过该元件的电流数值减小；b. 短路，在所选元件两端并联一个数值很小的电阻，从而使该元件失效；c. 开路：在所选元件的某一段串联一个数值很大的电阻，就像连接到该端的接地线断开一样。另外还需给出漏电阻大小，默认为 100 Ω。

⑭ 由图 9-12 可以看出，虚拟电阻、电容、电感以及一些电压/电流源的容差一般都是 10%。

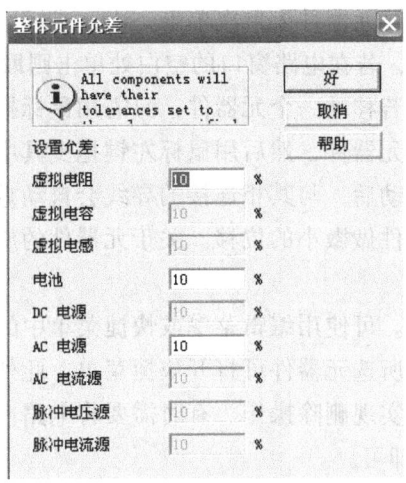

图 9-12 全局元件容差

3. 元器件库

Multisim 提供了非常丰富的元器件库及各种常用测试仪器（见图 9-13），给电路仿真试验带来了极大的方便。

点击元器件库栏的某一图标即可打开该元器件库。下面给出每一个元器件库的图标以及该库所包含的元器件和含义。需要注意的是，虚拟元器件库栏（绿色）中的是虚拟元器件，是可以随意改变参数的。而元器件库栏（黑色）中的元器件是有封装的真实元器件，参数是确定的，不可以改变。关于这些元器件的功能和使用方法，可使用在线帮助功能查阅有关的内容。

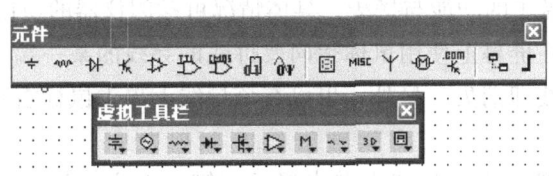

图 9-13 元器件与仪器库栏

9.4 Multisim 的常用操作

1. 元器件的使用

（1）选用元器件。用鼠标左键单击所需元器件库图标，打开该元器件库，然后从库中将所需元器件拖曳到电路窗口中，对同一元器件可重复拖曳。需要注意的是有绿色标记的是虚拟（理想）元器件。

（2）选中元器件。对于某一个元器件，只需用左键单击它即可。对于多个元器件，可用

"CTRL+鼠标左键"单击依次选中。如果要同时选中一组相邻的元器件，可用鼠标在电路窗口中的适当位置拖曳，画出一个矩形框，则该矩形框中的所有元器件同时被选中。要取消某一个元器件的选中状态，可在该元器件上再次单击一次，或用"CTRL+单击"（用于取消被选中的一组元器件的某几个），若在电路窗口的空白处单击则取消所有元器件的选中状态。

（3）元器件方位的调整。若移动一个元器件，只需用鼠标拖曳该元件级可以。若移动一组，须用前述方法先选中这些元器件，然后用鼠标左键拖曳其中的一个，则所有被选中的元器件将一起移动。元器件被移动后，与其相连接的导线会自动重新排列。另外还可以使用键盘上的箭头键使被选中的元器件做微小的位移。关于元器件的旋转和翻转，请参阅编辑菜单上的相关命令。

（4）元器件的复制和删除。可使用编辑菜单或快捷菜单中的相关命令实现元器件的复制和删除操作。用鼠标右键单击所选元器件可打开快捷菜单。此外，若元器件库是打开的，直接将元器件拖回元器件库也可实现删除操作。有时需要将电路窗口中所有元器件也一起全部移走，只需按"CTRL+N"键即可。

（5）设置元器件的特性。关于元器件特性的设置，请参阅编辑菜单上的相关命令。

2. 元器件之间及与仪器间的连接

（1）元器件互连。在屏幕上使鼠标箭头指向某元器件的引脚，出现一个小黑点时，用鼠标左键单击，即可由该引脚上拖曳一根导线，将此线拖曳到另一元器件的引脚，出现小黑点时，再单击鼠标左键，即可实现两个元器件引脚之间的互连，导线的走向及排列方式由系统自动完成。注意，每个小黑点（连接点）有 4 个方向可以引出线，导线选择的方向不同会引起导线的走向及排列的方式的差异。对于二端子元器件，还可直接拖放到某根导线上实现插入连接。

（2）元器件与仪器的连接。元器件引脚与仪器面板上端子的互连方法与上面完全相同，需要注意的是每种仪器端子的功能与接法。具体情况可参阅仪器的使用说明。

（3）导线的拆除。在屏幕上使用鼠标指向要拆除的导线的某一端，单击鼠标左键，再单击要拆除的导线，该导线即消失。另外，也可在该导线上单击鼠标右键，在弹出的菜单上选择删除命令来完成。

（4）导线颜色的设置。在该导线上单击鼠标右键，在弹出的菜单上选择颜色命令来完成。连接到示波器与逻辑分析仪等测量仪器的输入线的颜色，即为显示波形的颜色，从而提高了显示结果的可读性（即可分辨性）。

（5）节点的设置。在复杂的电路中，可以给每个节点设置编号及颜色等，这样有助于对电路图的识别。方法是在需要进行设置的连接到该节点的导线上用鼠标左键双击，在弹出的节点对话框中进行设置。

3. 仪器仪表的使用

（1）电压表和电流表。

如图 9-14 所示。

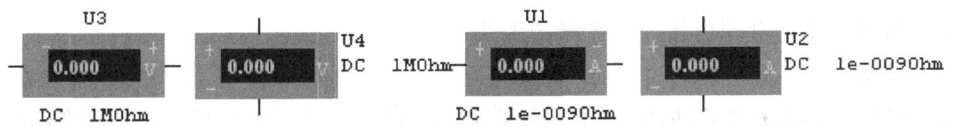

图 9-14 电压表和电流表

Multisim 提供了两种基本测量仪表——电压表和电流表。这两种表在显示器件库中,使用时没有数量的限制,可以重复选用。双击电压表或电流表可弹出其属性对话框,在对话框中可以设置电压表、电流表的内阻大小,可以设置电压表、电流表为直流电压表、电流表或交流电压表、电流表,还可以设置标号、故障,另外还可以设置显示选项。

(2)万用表。

这是一种可自动调节量程的数字多用表,用于测量交流或直流电压和电流、电阻、电平。其图标和版面如图 9-15 所示。

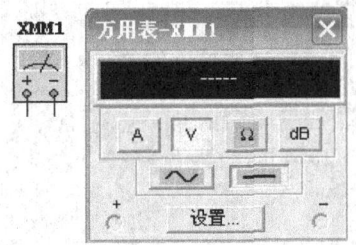

图 9-15 万用表的图标和面板

通过设置对话框(见图 9-16)可改变该表的技术参数,如电流表的内阻(范围为 PΩ-Ω)、电压表的内阻(范围为 Ω-TΩ)、欧姆表电流(范围为 μA-A)、电平(范围为 μV-kV)。

(3)函数发生器。

该仪器可产生三种波形,即方波、三角波和正弦波。其图标和面板如图 9-17 所示。

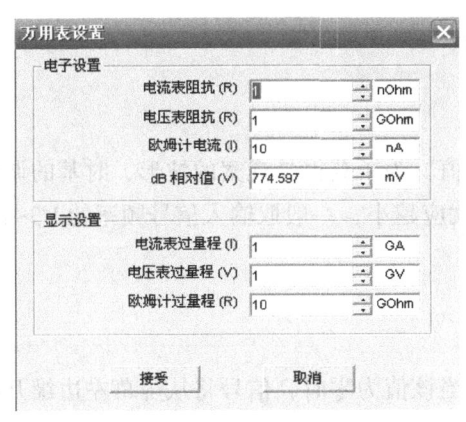

图 9-16 万用表的设置对话框

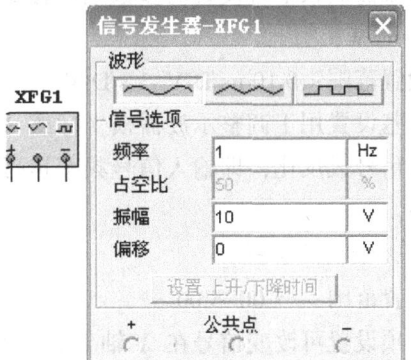

图 9-17 函数发生器的图标和面板

可设置的参数有频率,调整范围为 0.1 Hz~999 kHz,占空比调整范围为 1%~99%,用于改变三角波和方波正负半周的比率,对正弦波不起作用;幅度调整范围为 0.001 μV~999 kV,用于改变波形的峰值;偏移调整范围为-999~999 kV,用于在输出波形上加一直流偏置电平。另外，从公共端可接入一个参考电压。

（4）示波器。

示波器的图标和面板如图 9-18 所示。双通道示波器用于显示电信号大小和频率的变化，也可用于两个波形的比较。当电路被激活以后，若将示波器的探头移到别的测试点时不需要重新激活该电路，银屏上的显示将被自动刷新为新的试点波形。为了便于清楚地观察波形，建议将连接到通道 A 和通道 B 的导线设置为不同的颜色。如果示波器的设置或分析改变以后，需要提供更多的数据（如降低示波器的扫描速度等），则波形可能会出现突变或不均匀的现象，这时将电路重新激活一次，即可获得更多的数据。也可通过增加仿真时间步长来提高波形的精度。

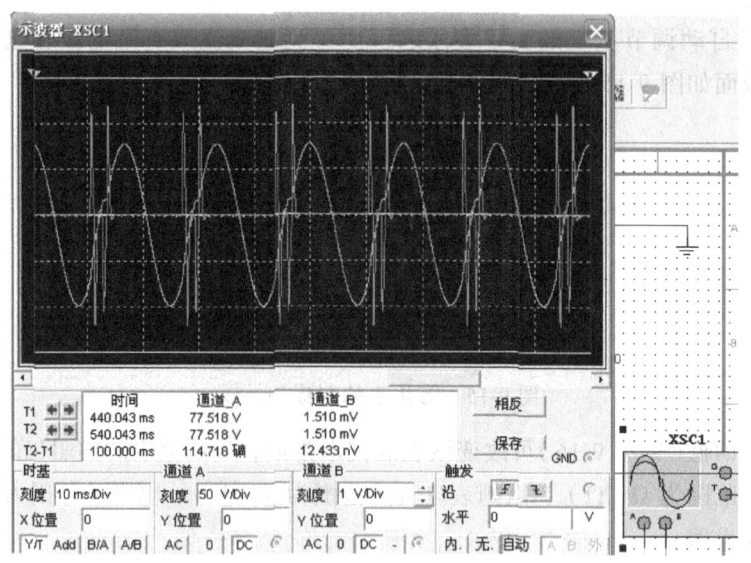

图 9-18　示波器的图标和面板

示波器面板上可设置的参数主要有以下几项：

① 时基。

设置范围：0.10 ns/DIV~1 s/DIV。

时基设置用于调整示波器横坐标或 X 轴的数值。为了获得易观察的波形，时基的调整应与输入信号成反比，即输入信号频率越高，时基就应越小，一般取输入信号频率的 1/3~1/5 较为合适。

② X 轴初始位置。

设置范围：-5.00~5.00。

该项设置可改变信号在 X 轴上的初始位置。当该值为零时，信号将从屏幕左边缘开始显示，正值从起始点往右移，负值反之。

③ 工作方式（Y/T，B/A，A/B）。

Y/T 工作方式用于显示以时间（T）为横坐标的波形；B/A 和 A/B 工作方式用于显示频率和相位差，如李沙育图形，相当于真实示波器上的 X-Y 或拉 Y 工作方式，也可用于显示磁滞回线。当处于 A/B 工作方式时，波形在 X 轴上的数值取决于通道 B 的电压灵敏度（V/DIY

的设置；当处于 B/A 工作方式时，波形在 X 轴上的数值取决于通道 A 的电压灵敏度（V/DIY）的设置。

④ 接地。

如果被测电路已经接地，那么示波器可以不再接地。

⑤ 电压灵敏度。

设置范围：0.01 mV/DIV ~5kV/DIV。

该设置决定了纵坐标的比例尺，当然，若在 B/A 或 A/B 工作方式时也可以决定横坐标的比例尺。为了使波形便于观察，电压灵敏度应调整为合适的数值。例如，当输入一个 3 V 的交流信号时，若电压灵敏度设置为 1 V/DIV，则该信号的峰值显示在示波器屏幕的最顶端。电压灵敏度的设定值增大，波形将减小；设定值减小，波形的顶部将被削去。

⑥ 纵坐标起始位置。

设置范围：−3.00~3.00。

该设置可改变 Y 轴起始点的位置，相当于给信号叠加了一个直流电平。当该值设为 0.000 时，Y 轴的起始点位于原点，该值为 1.00 时，则表示将 Y 轴的起始点向上移一格，其表示的电压值则取决于该通道电压灵敏度的设置。改变通道 A 和通道 B 的 Y 轴起始点的位置，可使两通道上的波形便于观察和比较。

⑦ 输入耦合。

可设置类型：AC，0，DC。

当置于 AC 耦合方式时，仅显示信号中的交流分量。AC 耦合是通过在示波器的输入探头中串联电容（内置）的方式来实现的，像在真实示波器上使用的 A/C 耦合方式一样，波形在前几个周期的显示可能是不正确的，等到计算出其直流分量并将其除去后，波形就会正确地显示。当置于 DC 耦合方式时，将显示信号中交流分量和直流分量之和。当置于 0 时，相当于输入信号旁路，此时屏幕上会显示出一条水平基准线（触发方式须选择 AUTO）。

⑧ 触发。

a. 触发边沿。

若要显示正斜率波形或上升信号，可单击上升沿触发按钮；若要首先显示负斜率波形或下降信号，可单击下降沿触发按钮。

b. 触发电平。

设置范围：−3.00~3.00。

触发电平是示波器纵坐标上的一点，它与被显示波形一定要有相交点，否则屏幕上将没有波形显示（触发信号为 AUTO 时除外）。

c. 触发信号。

单次：单次扫描方式。按动此键，扫描电路处于等待状态，当触发信号输入时，扫描只产生一次，下次扫描需再按动此键。

常态：触发扫描方式。无信号输入时，屏幕上无光迹显示，有信号输入，且触发电平在合适的值时，电路被触发扫描。当被测信号频率低于 50 Hz 时，应该选择该方式。

自动：自动扫描方式。当无触发信号输入时，屏幕上显示扫描基线，一旦有触发信号输入，电路自动转换为触发扫描状态。调节触发电平的数值可使波形稳定。此方式适宜观察频率在 50 Hz 以上的信号。

外接：触发信号来自外触发输入端。由示波器面板上的外触发输入口（位于接地端下方）输入一个触发信号，如果需要输入扫描基线，则应选择 AUTO 触发方式。

（5）博德图示仪。

博德图示仪的图标和面板如图 9-19 所示。博德图示仪用于观测电路的频率特性。当博德图示仪接入电路中以后，将对电路进行频率分析，其功能类似于实验室中的扫描仪。博德图示仪的频率测量范围非常宽，由于它没有信号发生电路，因此必须在电路中接入一个交流信号源，但对该信号源频率的设定没有特殊要求。博德图示仪横坐标和纵坐标比例尺的初始值和终值被默认为最大值。这些数值根据实际情况可以修改，但如果是在仿真完成后改变它们，需将电路重新仿真一次，方可刷新原有的数据。和大多数测量仪器不同的是，如果博德图示仪的探头被改接到其他测试点时，最好能将电路重新仿真一次，以确保得到完整与准确的结果。

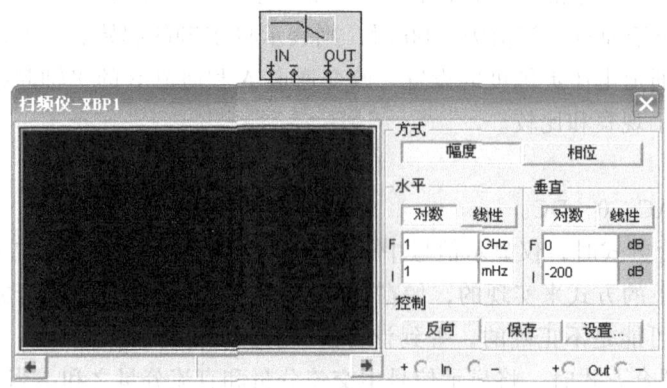

图 9-19　波特图的图标和面板

博德图示仪面板上可设置的参数主要有以下几项：

① 幅频特性和相频特性。博德图示仪所显示的幅频特性是指两测量点电压的比值（电压增益，用 dB 表示）在某个频率范围内的变化规律，博德图示仪所显示的相频特性是指两测量点的相位差（用角度表示）在某个频率范围内的变化规律。博德图示仪有 IN 和 OUT 两对端口，其中 IN 端口的 V+端和 V-端分别接在电路输入端的正端和负端，OUT 端口的 V+端和 V-端分别接在电路输出端的正端和负端。若测量对象为某一热定元件时，应将 IN 端口或 OUT 端口的 V+端和 V-端分别接在该元件的两端。

② 横坐标和纵坐标的设置。

a. 参考坐标。

当要在一个很大的范围内对电路进行分析时，一般采用对数坐标系，譬如分析电路的频率响应等。当参考坐标系在对数（LOG）和线性（LIN）之间切换时，不必对电路重新仿真，屏幕显示的特性曲线会自动刷新。

b. 横坐标的设置。

设置范围：1.0 mHz ~ 10.0 GHz。

横坐标（即 X 轴）通常只是表示频率，它的比例尺取决于 X 轴初值（I）和终值（F）的设置。由于频率响应分析需要很大的频率范围,所以横坐标一般常用对数的形式来表示。

　　c. 纵坐标的设置。

　　设置范围：测量幅频特性时 -200～200 dB（LOG）；0～10e+09（LIN）。测量相频特性时 -720～720（LOG 或 LIN）。

　　当测量幅频特性时,纵坐标表示电路的输出电压和输入电压之比,对于对数坐标系单位是分贝（dB）,对于线性坐标系只是一个比值,没有单位。当测量相频特性时,纵坐标表示电路的相位差,不管对于对数坐标系还是线性坐标系,单位都是度。

　　③ 数据的读取。

　　拖曳博德图示仪屏幕垂直方向上的游标（初始位置与 Y 轴重合）可读取特性曲线上各点的频率、输入输出电压比值以及移相角,也可通过鼠标点击面板上的左、右箭头键来读取。数据显示在面板右下方的方框里,根据需要还可将其保存,保存文件名为*.BOD。

　　由于该博德图示仪是一个数字化仪器,采样点并不连续,所以有些数据可能读不到（如 -3dB 点）,这可由以下几种方法解决,一是读取相邻两个点的数据,再用插值法求得所需点的数值；二是缩短横坐标的范围,将特性曲线展宽；三是在"设置对话框"里提高博德图示仪的每周期分析点数,但这种方法会增加仿真的时间,使用时需注意。另外,博德图示仪的参数设置改变后要对电路重新进行仿真,以保证特性曲线的精确显示。

　　④ 设置。

　　如图 9-20 所示。每周期分析点数：默认值为 100,设置范围为 1～1 000。

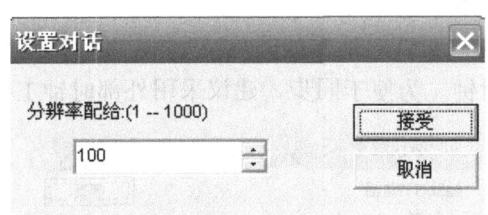

图 9-20　设置

　　（6）逻辑分析仪。

　　逻辑分析仪的图标和面板如图 9-21 所示。在一个电路中逻辑分析仪最多可以显示 16 路逻辑信号。它可以快速采集数字逻辑信号,其先进的实时分析可用于大系统的设计,并自动进行错误修正。面板左边的 16 个接线端对应于逻辑信号波形显示区中的 16 路逻辑信号的波形。电路被激活后,逻辑分析仪记录其接线端的输入值。如果观测到触发信号,逻辑分析仪就显示触发前后的数据波形。该波形是一个随时间变化的方波。最上面一个波形显示了通道一的值（通常为一数字的第一位）,其后的一个波形显示通道二的值,以此类推。当前字的每一位的二进制值实时显示在仪器盘面左边的接线端上。需要注意的是,由于软件算法的原因,前几个时钟周期显示的波形可能会不准确。为了确定触发前后采样点的具体数目,从分析菜单的分析选项对话框选中仪器标签选项。触发信号到来之前,逻辑分析仪保持所设定的触发前各采样点的值,并实时更新到触发信号到来。触发信号到来之后,逻辑分析仪记录下触发后各采样点的值（同时显示触发前后的各采样点的值）。

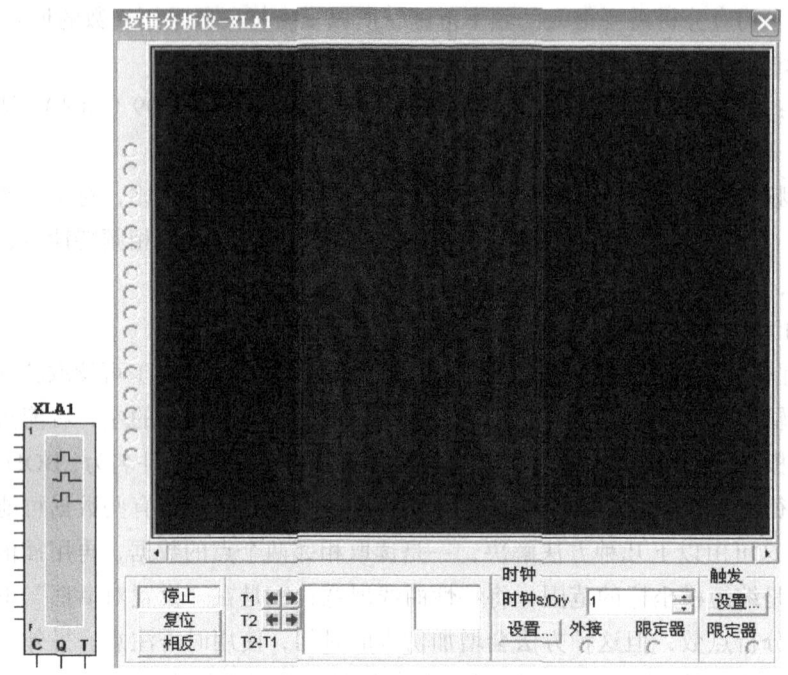

图 9-21 逻辑分析仪的图标和面板

逻辑分析仪面板上可设置的参数主要有以下几项：

① 逻辑分析仪停止和复位。

② 逻辑分析仪中的时钟。设置对话框如图 9-22 所示。该时钟对波形采样起控制作用，可选择为内部时钟或是外部时钟。为便于同步，建议采用外部时钟工作方式。

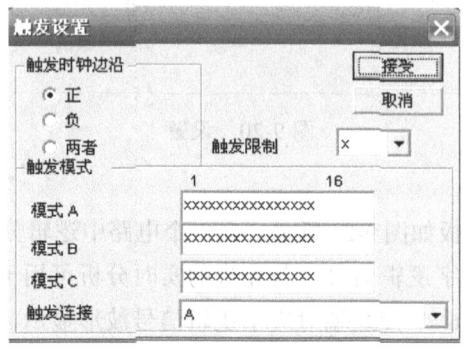

图 9-22 触发信号设置对话框

调整时钟设置的方法如下：a. 点击逻辑分析仪中 Clock 区的 Set 按钮，弹出时钟设置对话框。b. 选择内时钟或是外时钟模式。c. 选择时钟频率。d. 选择时钟限定位。时钟限定位对时钟信号起控制作用。若设为 X，时钟限定不起作用，时钟信号决定采样点的读入。如设为 1 或是 0 时，仅当时钟信号与设定相符时，采样点才能被读入。e. 进行采样设置：触发前采样点数，默认为 100；触发后采样点数。

③ 逻辑分析仪中的触发信号设置。触发信号设置对话框如图 9-23 所示。

触发方式有三种选择：上升沿触发、下降沿触发或边沿触发。

设置三个触发值或值的组合（触发方式）的步骤：a. 单击逻辑分析仪 Trigger 区的 Set 按钮。b. 单击 A、B、C 输入区可分别输入一个二进制数，X 表示该位为任意（0、1 均可）。c. 单击"触发组合框"选取 21 种组合中的一种。d. 单击接受。

触发限定位对触发有限定作用。若该位设置为 X，触发控制不起作用，触发完全由触发字决定；若该位设置为 1（或 0），则仅当触发控制输入信号为 1（或 0）时，触发字才起作用；否则即使触发字组合条件也不能引起触发。

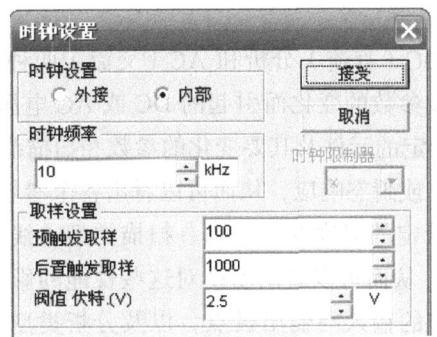

图 9-23 时钟设置对话框

4. 电路仿真

在 Multisim 上进行的电路仿真，实质上是用 SPICE 程序对所设计的电路进行模拟的过程。因此，为了进行仿真必须先启动 SPICE 程序（该程序已嵌入 Multisim），或者按 "CTRL+G"键，然后双击实验电路中所使用的仪器，将其面板放大，再按需要调整的设置，边调整边注意观察实验结果。在运行过程中若再次单击启动开关，则可使仿真程序停止运行。如果在仿真过程中想暂停，可用鼠标左键单击启动开关下方的暂停框或 "F6"键功能，再单击一次可恢复仿真，通过按 "F5"功能键也可以达到同样的效果。

9.5 Multisim 的分析功能

1. 6 种基本功能分析

（1）DC（直流）工作点分析。计算 DC 工作点并报告每个工作点的电压。在进行 DC 工作点分析时，电路中的数字器件对地将成高阻态。

（2）AC（交流）频率分析。在给定的频率范围内，分析计算机电路中任意点的小信号增益及相位频率的变化关系。可用线性或对数（十倍频或二倍频）坐标，并以一定的分辨率完成上述频率扫描分析。在对模拟电路中的小信号电路进行 AC 频率分析时，数字器件对地将呈现高阻态。

（3）瞬态分析。在给定的起始与终止时间内，计算机路中任意节点上电压随时间的变化关系。

（4）傅立叶积分。在给定的频率范围内，对电路的瞬态进行傅立叶分析，计算出该瞬态响应的 DC 分量、激波分量以及各次谐波分量的幅值及相位。

（5）噪声分析。对指定的电路分析节点，输入噪声源以及扫描频率范围，计算所有电阻与半导体器件所贡献的噪声的均方根值。

（6）失真分析。对给定的任意节点以及扫频范围、扫频类型（线性或对数）与分辨率，计算总的小信号稳态谐波失真与复调失真。

2. 7 种高级分析功能

（1）灵明度分析。包括 DC（直流）分析和 AC（交流）两种灵敏度分析。用于对元件的某个感兴趣的参数，计算由该参数的变化而引起的 DC 或 AC 电压与电流的变化灵敏度。

（2）参数扫描分析。对给定的元件及其要变化的参数和扫描范围、类型（线性或对数）与分辨力，计算电路的 DC、AC 或瞬态响应，从而可以看出各个参数对这些性能的影响程度。

（3）温度扫描分析。对给定的温度变化范围、扫描类型（线性或对数）与分辨率，计算电路的 DC、AC 或瞬态响应，从而可以看出温度对这些性能的影响程度。

（4）零极点分析。对给定的输入与输出极点，以及分析类型（增益或阻抗的传递函数，输入或输出阻抗），计算交流小信号传递函数的零、极点，从而可以获得有关电路稳定性的信息。

（5）传递函数分析。对给定的输入源与输入节点，计算电路的 DC 小信号传递函数以及输入、输出阻抗和 DC 增益。

（6）最坏情况分析。当电路中所有元件的参数在其容差范围内改变时，计算所引起的 DC、AC 或瞬态响应变化的最大方差。所谓"坏情况"是指元件参数的容差设置为最大值、最小值或最大上升或下降值。

（7）蒙特卡罗分析。在给定的容差范围内，计算当元件参数随机地变化时，对电路的 DC、AC 或瞬态响应的影响。可以对元件参数容差的随机分布函数进行选择，使分析结果更符合实际情况。通过该分析可以预计由于制造过程中元件的误差，而导致所设计的电路不合格的概率。

第 10 章　万用表的使用

10.1　学习目的

（1）了解万用表的结构和工作原理。
（2）熟悉模拟、数字万用表的基本使用方法及注意事项。
（3）掌握万用表测量电阻、交直流电压、电流的方法及步骤。
（4）树立仪表的精度及误差等基本意识。

10.2　实训器材

实训器材如表 10-1 所示。

表 10-1　实训器材

序号	类别	数量	备注
1	模拟万用表 MF47	1 台	
2	数字万用表 VC88A	1 台	
3	色环电阻	4 个	阻值不同
4	电感	2 个	型号不同
5	电容	2 个	型号不同
6	1.5 V 干电池	1 节	
7	9 V 干电池	1 节	

10.3　基础知识

1. 万用表概述

万用表又称多用表，用来测量直流电流、直流电压和交流电流、交流电压、电阻等，有的万用表还可以用来测量电容、电感以及晶体二极管、三极管的某些参数。万用表分为模拟万用表和数字万用表。模拟万用表又称为指针式万用表。指针式万用表主要由指示部分、测量电路、转换装置三部分组成。以机械表头为核心部件构成的多功能测量仪表，所测数值由表头指针指示读取。数字式万用表由 LCD 显示屏、功能按键、选择开关、表笔插孔及内部的测量电路组成。所测数值由液晶屏幕直接以数字的形式显示。

2. 指针式万用表的使用方法

（1）测试前，首先把万用表放置水平状态并视其表针是否处于零点（指电流、电压刻度的零点），若不在，则应调整表头下方的"机械零位调整"，使指针指向零点（见图 10-1、图 10-2）。

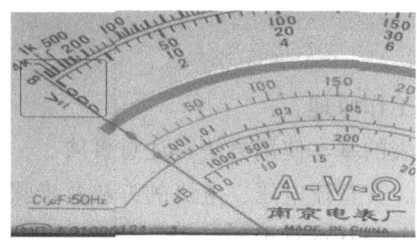

图 10-1　机械零点

图 10-2　机械调零

（2）根据被测项，正确选择万用表上的测量项目及量程开关。如已知被测量的数量级，则就选择与其相对应的数量级量程。如不知被测量值的数量级，则应从选择最大量程开始测量，当指针偏转角太小而无法精确读数时，再把量程减小。一般以指针偏转角不小于最大刻度的 30% 为合理量程。

（3）万用表作为电流表使用。

电表必须按照电路的极性正确地串联在电路中（见图 10-3）。选择开关旋在"mA"或"μA"相应的量程上。如果不知被测电流的大致数值，需将选择开关旋至直流电流挡最高量程上，并进行试探测量，再做调整。特别要注意的是不能用电流挡测量电压，以免烧坏电表。

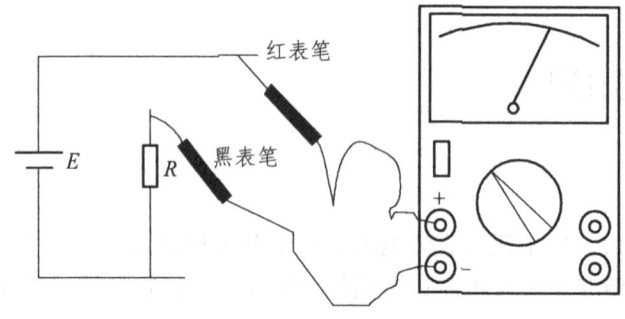

图 10-3　测电流示意图

把万用表串接在被测电路中时,应注意电流的方向。即把红表笔接电流流入的一端,黑表笔接电流流出的一端。如果不知被测电流的方向,可以在电路的一端先接好一支表笔,另一支表笔在电路的另一端轻轻地碰一下,如果指针向右摆动,说明接线正确;如果指针向左摆动(低于零点),说明接线不正确,应把万用表的两支表笔位置调换。

在指针偏转角大于或等于最大刻度 30%时,尽量选用大量程挡。因为量程愈大,分流电阻愈小,电流表的等效内阻愈小,这时被测电路引入的误差也愈小。

在测大电流(如 500 mA)时,千万不要在测量过程中拨动量程选择开关,以免产生电弧,烧坏转换开关的触点。

(4)万用表作为电压表使用。

① 将选择开关旋到直流电压挡相应的量程上。测量电压时,需将电表并联在被测电路上,并注意正、负极性。如果不知被测电压的极性和大致数值,需将选择开关旋至直流电压挡最高量程上,并进行试探测量(如果指针不动则说明表笔接反;若指针顺时针旋转,则表示表笔极性正确)然后再调整极性和合适的量程(见图 10-4)。

② 在测量交流电压时,不必考虑极性问题。将选择开关旋至交流电压挡相应的量程进行测量。如果不知道被测电压的大致数值,需将选择开关旋至交流电压挡最高量程上预测,然后再旋至交流电压挡相应的量程上进行测量。

③ 不要在测较高的电压(如 220 V)时拨动量程选择开关,以免产生电弧,烧坏仪表。

④ 在测量有感抗的电路中的电压时,必须在测量后先把万用表断开再关电源。不然会在切断电源时,因为电路中感抗元件的自感现象,会产生高压而可能把万用表烧坏。

图 10-4 交流电压挡图解

(5)万用表作为欧姆表使用。

① 测量时应首先调零。即把两表笔直接相碰(短路),调整表盘下面的零欧调零旋钮,使指针正确指在 0 Ω 处。每次更换挡位,必须重新进行欧姆调零(见图 10-5)。

② 为了提高测试的精度和保证被测对象的安全,必须正确选择合适的量程挡。一般测电阻时,要求指针在全刻度的 20%~80%的范围内,这样测试精度才能满足要求。

测量较大电阻时,手不可同时接触被测电阻的两端,不然,人体电阻就会与被测电阻并联,使测量结果不正确,测试值会大大减小。另外,要测电路上的电阻时,应将电路的电源切断,不然不但测量结果不准确(相当于再外接一个电压),还会使大电流通过微安表头,把表头烧坏。同时,还应把被测电阻的一端从电路上焊开,再进行测量,不然测得的是电路在该两点的总电阻。

万用表的欧姆表标度尺上只有一组数字,作为电阻专用,从右往左读数,它包含了 5 个挡位,×1、×10、×100、×1k、×10k;测量时,应根据选择的挡位乘以相应的倍率。

例如:当量程选择的挡位是 $R×1k$,就要对已读取的数据×1 000 就可以了。

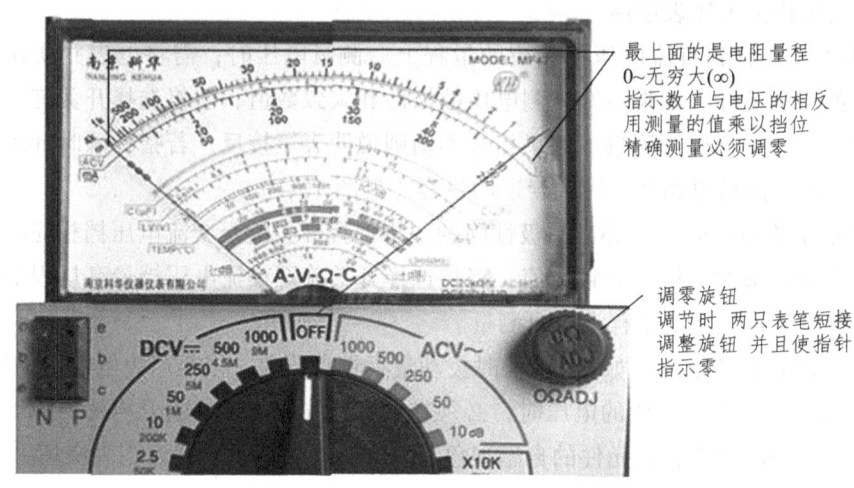

图 10-5　欧姆调零

(6)使用完毕不要将量程开关放在欧姆挡上。

为了保护微安表头,以免下次开始测量时不慎烧坏表头。测量完成后,应注意把量程开关拨在 OFF 挡。

3. 数字万能表(以 VC88A 万用表为例,见图 10-6)的使用方法和注意事项

(1)使用前,应认真阅读有关的使用说明书,熟悉电源开关、量程开关、插孔、特殊插口的作用。

(2)将电源开关置于 ON 位置。

(3)交直流电压的测量:功能旋转开关打至 V~(交流),V-(直流),并选择合适的量程;将黑表笔插入 COM 端口,红表笔插入 VΩ 端口。红表笔探针接触被测电路正端,黑表笔探针接地或接负端,即与被测线路并联。读出 LCD 显示屏数字。

(4)交直流电流的测量:①断开电路;②黑表笔插入 COM 端口,红表笔插入 mA 或者 20A 端口;③功能旋转开关打至 A~(交流),A-(直流),并选择合适的量程;④断开被测线路,将数字万用表串联入被测线路中,被测线路中电流从一端流入红表笔,经万用表黑表笔流出,再流入被测线路中;⑤接通电路;⑥读出 LCD 显示屏数字。

(5)电阻的测量:将量程开关拨至 Ω 的合适量程,红表笔插入 V/Ω 孔,黑表笔插入 COM 孔。如果被测电阻值超出所选择量程的最大值,万用表将显示"1",这时应选择更高

的量程。查看读数,确认测量单位——欧姆(Ω),千欧(kΩ)或兆欧(MΩ)。注意测量电阻时,红表笔为正极,黑表笔为负极,这与指针式万用表正好相反。因此,测量晶体管、电解电容器等有极性的元器件时,必须注意表笔的极性。

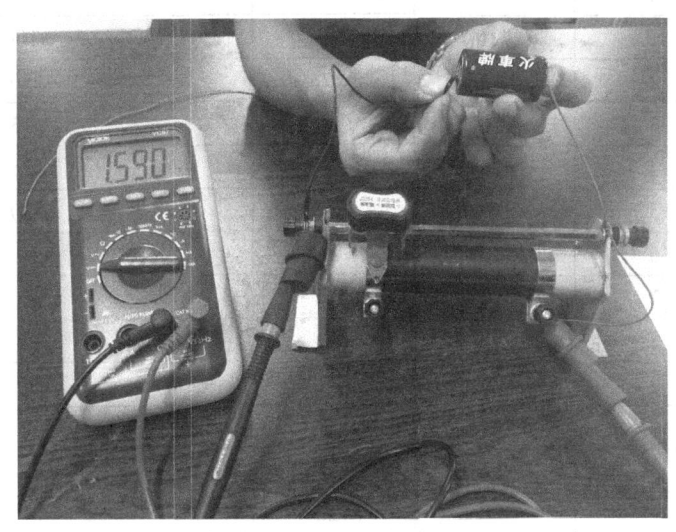

图 10-6　VC88A 万用表实物图

(6)测量电容:①将电容两端短接,对电容进行放电,确保数字万用表的安全;②将功能旋转开关打至电容(C)测量挡,并选择合适的量程;③将电容插入万用表 C-X 插孔;④读出 LCD 显示屏上数字。

(7)二极管蜂鸣挡的作用。

将转盘打在短路(⟶⊢)挡,表笔位置同上。用两表笔的另一端分别接被测两点,若此两点确实短路,则万用表中的蜂鸣器发出声响。

(8)使用注意事项。

① 如果无法预先估计被测电压或电流的大小,则应先拨至最高量程挡测量一次,再视情况逐渐把量程减小到合适位置。测量完毕,应将量程开关拨到最高电压挡,并关闭电源。

② 满量程时,仪表仅在最高位显示数字"1",其他位均消失,这时应选择更高的量程。

③ 测量电压时,应将数字万用表与被测电路并联。测电流时应与被测电路串联。

④ 当误用交流电压挡去测量直流电压,或者误用直流电压挡去测量交流电压时,显示屏将显示"000",或低位上的数字出现跳动。

⑤ 禁止在测量高电压(220 V 以上)或大电流(0.5 A 以上)时换量程,以防止产生电弧,烧毁开关触点。

⑥ 当显示" ""BATT"或"LOW BAT" 时,表示电池电压低于工作电压。

4. 元器件测量基本知识

(1)色环电阻基础知识。

① 色环电阻颜色和数字对应表如表 10-1 所示。

表 10-1 色环电阻颜色和数字对应表

颜色	有效电阻值	倍乘数	误差率/%	温度系数（ppm/℃，限六色环电阻器）
黑	0	×1		
棕	1	×10	±1	±100
红	2	×10^2	±2	±50
橙	3	×10^3		±15
黄	4	×10^4		±25
绿	5	×10^5	±0.5	±20
蓝	6	×10^6	±0.2	10
紫	7	×10^7	±0.1	±5
灰	8	×10^8		±1
白	9	×10^9		
金		×0.1	±5	
银		×0.01	±10	
无色			±20	

注意：金、银在第四环出现时，它们代表误差，金代表 5%，银代表 10%；而在第三环出现时，金代表 0.1，银代表 0.01。

② "四色环"读数规则。

电阻一、二环表示两位有效数字，第三环表示数字后面添加 "0" 的个数。如：红紫橙金。

红	紫	橙	金
2	7	3个0	5%

阻值：27 后面添加 "3 个 0" 即 27 000 Ω，误差 5%。

（2）电感器的性能检测。

用指针万用表检测电感器的方法如下：

第 1 步：首先将万用表调到欧姆挡的 "$R×1$" 挡，两表笔与电感器的两引脚相接，表针指示应接近 "0 Ω"，如果表针不动，说明该电感器内部断路，如果表针指示不稳定，说明电感器内部接触不良。

第 2 步：将万用表置于 "$R×10K$" 挡，检测电感器的绝缘情况，测量线圈引线与铁心或金属屏蔽之间的电阻，均应为无穷大，否则该电感器绝缘不良。

第 3 步：查看电感器的结构，好的电感器线圈绕线应不松散、不会变形，引出端应固定牢固，磁心既可灵活转动，又不会松动等，否则电感器可能损坏。

（3）电容的性能检测。

模拟万用表测试方法：用相应的电阻挡，两表笔搭一下电容两端，表指针有点摆动，然后又回到 0，然后再调换表笔试一次，同样指示，说明电容是好的。测试中，如果表针不回 0，说明漏电和漏电的程度；如果表针不能摆动，始终在 0 位置，说明电容开路。电容量较大,需用小阻值挡。

10.4 任务实施

任务一:电阻的测量

(1)选择一个色环电阻,用色环读数法读出该电阻的标称值,并记录。
(2)用模拟万用表测试该电阻阻值并记录。
(3)用数字万用表测试该电阻阻值并记录。
(4)计算误差,用百分比表示。
(5)再用三个不同的色环电阻,重复(1)~(4)的步骤。
思考:① 如果模拟万用表测电阻时未进行欧姆调零,对结果有什么影响?
② 在测试电阻的过程中,用双手拿着电阻的引脚,对测试结果有何影响?

任务二:电压测量

(1)分别用模拟万用表、数字万用表测量 1.5 V 干电池的电压,并记录。
(2)分别用模拟万用表、数字万用表测量 9 V 干电池的电压,并记录。
(3)分别用模拟万用表、数字万用表测量交流 220 V 电压,并记录测量值。
注:测电压请务必确认挡位及量程,指导教师逐一检查后再测量。

任务三:电流测量

(1)用 1.5 V、9 V 干电池分别与 220 Ω、1 000 Ω 电阻构成简单电路回路。
(2)分别计算回路电流大小。
(3)分别用模拟万用表、数字万用表测量回路电流。
(4)比较计算值和实测值的大小,计算误差。
注:请务必选择合适的挡位及量程。
思考:电路计算值和实测值的误差是由什么引起的?

任务四:电容测量

(1)选择至少 2 个不同型号的电容,读出其标称值。
(2)用模拟万用表进行测试,观察指针变化。
(3)判断其性能好坏。

任务五:整理、清洁

(1)将所有元器件放入元器件盒内,清点元器件数量及类别,如有损坏,及时向老师报告。
(2)将模拟、数字万用表置于合理的挡位,拔下表笔,规整放入对应的包装盒内。
(3)将所有仪表、元器件放在工位对应位置,整齐有序。
(4)清洁工位及附近区域。

第 11 章　稳压电源、信号源、示波器的使用

11.1　学习目的

（1）了解稳压电源、信号发生器、示波器的结构和工作原理。
（2）熟悉稳压电源、信号发生器、示波器的基本使用方法及注意事项。
（3）掌握用示波器观测正弦波及方波波形并读取波形参数。
（4）树立仪器安全规范使用及基本职业素质素养等基本意识。

11.2　实训器材

实训器材如表 11-1 所示。

表 11-1　实训器材

序号	类别	数量	备注
1	稳压电源	1 台	
2	信号发生器	1 台	
3	示波器	1 台	

11.3　基础知识

1. 直流稳压电源概述

直流稳压电源是实验室和维修领域最常见的基础仪器。在电子产品的研发和检测上，可调稳压电源应用广泛，为电器和电路提供可靠的电源供应，可以替代电池供电，并模拟各种供电状态。输出的电压稳定，易于控制，可以满足各种应用的需求。

直流稳压电源是一种将 220 V 工频交流电转换成稳压输出的直流电压的装置，需要变压、整流、滤波、稳压四个环节才能完成。如图 11-1 所示。

第 11 章　稳压电源、信号源、示波器的使用

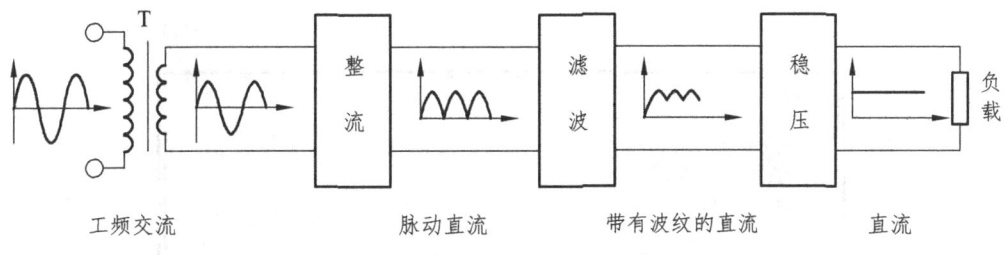

图 11-1　直流稳压电源组成

2. 直流稳压电源的使用方法

直流稳压电源实物如图 11-2 所示，其使用方法如下：

（1）使用前，应认真阅读有关的使用说明书，熟悉电源开关、插孔、特殊插口的作用。

（2）将电源开关置于 ON 位置。

（3）每路电源单独使用时，保持两路电源中间的独立/组合按钮为弹起状态，作为电压源使用时，可单独输出两路 0~30 V 电压，将电流调节旋钮向右转至底，用电压调节旋钮调节电压大小。

（4）正负电源使用时，将两路电源的中间端口连接为接地端，左侧绿色标注接出端为负电源，右侧红色标注接出端为正电源。

（5）串并联使用时，若独立/组合按钮为弹起状态（即独立电源）时，将两路电源串联连接，将第一路的负输出与第二路的正输出相连接，第一路的正输出、第二路的负输出分别是串联后稳压电源的正、负输出；若独立/组合按钮为按下状态（即组合电源）时，将串联/并联按钮保持弹起状态，左侧绿色标注接出端与右侧红色标注接出端之间即为串联之后的电源，若串联/并联按钮为按下状态则为并联电源，用以增大输出电流，无须另外接线。

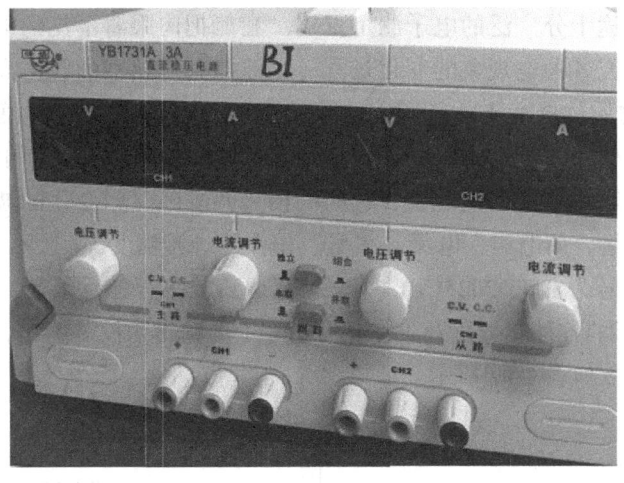

图 11-2　直流稳压电源实物

3. 信号发生器概述

信号发生器是一种电子实验室、生产线级数字、科研配备的理想设备，可以输出一定频率的正弦波、方波、三角波。屏幕主要按键功能如图 11-3 所示。

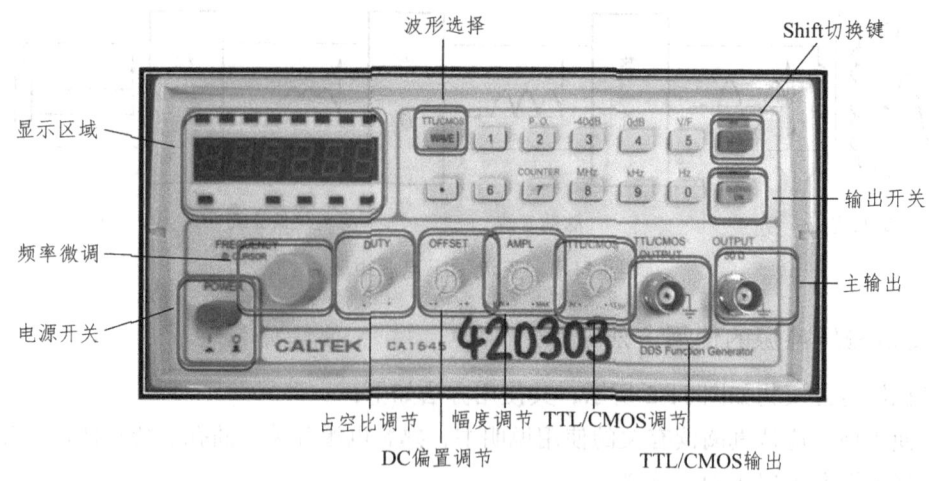

图 11-3 信号源操作方法

4. 信号发生器使用方法

（1）使用前，应认真阅读有关的使用说明书，熟悉电源开关、插孔、特殊插口的作用。

（2）将电源开关置于 ON 位置。

（3）电源打开后，可在显示区域看到此时的波形和频率，可通过按下灰色"WAVE"按键选择不同的波形，如正弦波、方波、三角波，通过右上方数字小键盘输入频率大小，通过"Shift"按键切换键盘，另外可通过下方旋钮进行频率微调、占空比调节、幅度调节等，确定输入波形及频率大小后，按下"Output"按键输出波形。

5. 示波器概述

示波器是一种用途十分广泛的电子测量仪器。它能把肉眼看不见的电信号变换成看得见的图像，便于人们研究各种电现象的变化过程。示波器利用狭窄的、由高速电子组成的电子束，打在涂有荧光物质的屏面上，就可产生细小的光点（这是传统的模拟示波器的工作原理）。在被测信号的作用下，电子束就好像一支笔的笔尖，可以在屏面上描绘出被测信号的瞬时值的变化曲线。利用示波器能观察各种不同信号幅度随时间变化的波形曲线，还可以用它测试各种不同的电量，如电压、电流、频率、相位差、调幅度等。

实验室采用的信号为 UTD2025CL，是一种双通道数字存储示波器，主要部分有屏幕区（用于显示波形，波形的各种参数以及工作状态），X、Y 轴移动控制旋钮，菜单键以及菜单选择键等。相关技术参数如表 11-2 所示。

表 11-2 示波器参数

特征	UTD2052CL
带宽	50 MHz
上升时间	≤7 ns
实时采样率	500 MS/s
等效采样率	50 GB/s

续表

垂直偏转系数	1 mV/div~20 V/div
记录长度	2×600 kpts
扫描时基	5 ns/div~50 s/div
触发类型	边沿、脉宽、交替
波形参数自动测量	28 种
硬件频率计	6 位触发频率计
接口	USB OTG
数学值	加、减、乘、除、FFT
界面显示	彩色
附加功能	独特的屏幕拷贝功能

（1）双模拟通道，1 mV/div~20 V/div 宽范围量程。

（2）7 寸宽屏显示。

（3）独特的屏幕拷贝功能，支持即插即用 USB 存储设备，并可通过 USB 与计算机通信和远程控制。

（4）波形、设置和位图存储以及波形和设置再现；自动测量 28 种波形参数。

（5）多国语言菜单显示。

6. 示波器的使用方法

示波器操作如图 11-4 所示。

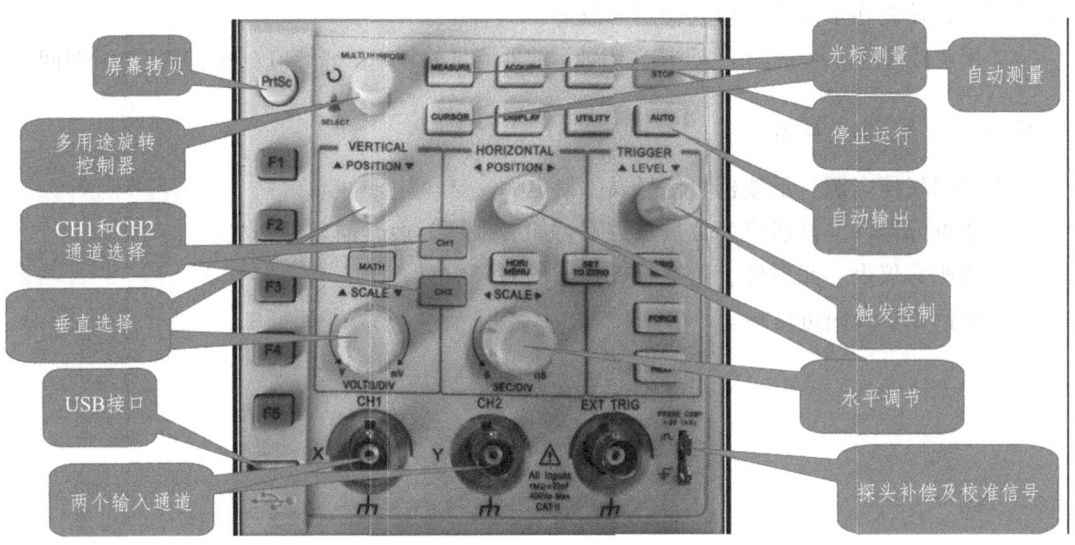

图 11-4 示波器操作

（1）接通电源，电源指示灯亮约几秒后，屏幕出现光迹。

（2）用 10∶1 探头将校准信号（U_{pp}=3 V，f=1 kHz 的方波）输入至 CH1 输入端。

（3）通过调节水平和竖直旋钮得到幅度与时间都容易读出的波形。

（4）通过探头连接所需的输入信号，调节旋钮观察波形。

11.4　任务实施

任务一：稳压电源的认识和使用

（1）了解稳压电源单通道的使用方法以及输出量程范围。
（2）了解稳压电源双电源的使用方法。
（3）了解稳压电源的串联及并联。

任务二：示波器的认识和使用

（1）掌握示波器的使用方法，将校准信号连接到示波器上，通过调节旋钮得到时间和幅度都方便观察的波形。
（2）通过光标测量和自动测量两种方式，读取波形的信号特征值。

任务三：信号发生器的认识和使用（配合示波器使用）

（1）分别用示波器观察由信号发生器产生的不同频率下的信号波形，测量信号波形的有效值、幅值和频率等。
（2）将信号发生器的输出连接到示波器上。
（3）操作信号发生器依次输出 500 Hz、1 234 Hz、5.67 kHz、9.15 MHz 的方波、正弦波、三角波信号，使之在示波器上得到稳定的波形。
（4）用示波器测量每一组信号，依次记录示波器测量的频率、峰峰值、占空率、上升时间。

任务四：整理、清洁

（1）关闭稳压电源、示波器、信号发生器电源，拔下电源线。
（2）清点元器件、仪器仪表数量及类别，如有损坏，及时向教师报告。
（3）将所有仪表、元器件、电源线放在工位对应位置，整齐有序。
（4）清洁工位及附近区域。

第 12 章　手工焊接

12.1　实训目的

（1）了解手工焊接所需要的各种工具及用途。
（2）熟悉手工焊接的质量判别标准和基本原则。
（3）掌握手工焊接的方法及步骤。
（4）树立手工焊接的安全意识。

12.2　实训器材

实训器材如表 12-1 所示。

表 12-1　实训器材

序号	类别	数量	备注
1	焊台	1 台	包括海绵及烙铁架
2	万用板	1 块	
3	焊锡丝	1 节	
4	助焊剂（松香、焊锡膏）	1 个	
5	镊子	1 个	
6	吸锡枪	1 个	
7	剥线钳	1 个	
8	斜口钳	1 个	
9	焊接元件	1 包	电阻、电容等电子元件及导线

12.3　基础知识

1. 焊接的基本概念

焊接在电子产品装配过程中是一项很重要的技术，也是制造电子产品的重要环节之一，如果没有相应的工艺质量保证，任何一个设计精良的电子装置都难以达到设计指标。焊接在电子产品实验、调试、生产中应用非常广泛，而且工作量相当大，焊接质量的好坏，将直接影响到产品的质量。

所谓焊接，就是用焊锡做媒介，利用加热而使 A、B 两金属连接并达到导电的目的。两金属间的接合力即靠焊锡与金属表面所产生的合金层，所以焊锡不能当作机械力的支撑，只能作电气传导。

2. 电烙铁的选择

常用的电烙铁有外热式电烙铁、内热式电烙铁和恒温式电烙铁三种（见图 12-1），由于在焊接集成电路、晶体管元件时，温度不能太高，焊接时间不能太长，否则就会因温度过高造成元器件的损坏，因而对电烙铁的温度要给以限制，所以一般采用恒温电烙铁。这是由于恒温电烙铁头内，装有带磁铁式的温度控制器，控制通电时间而实现温控，即给电烙铁通电时，烙铁的温度上升，当达到预定的温度时，因强磁体传感器的居里点而磁性消失，从而使磁芯角点断开，这时就停止向电烙铁供电；当温度低于强磁体传感器的居里点时，强磁体便恢复磁性，并吸动磁芯开关中的永久磁铁，使控制开关的触点接通，继续向电烙铁供电，如此循环往复，便达到了控制温度的目的。

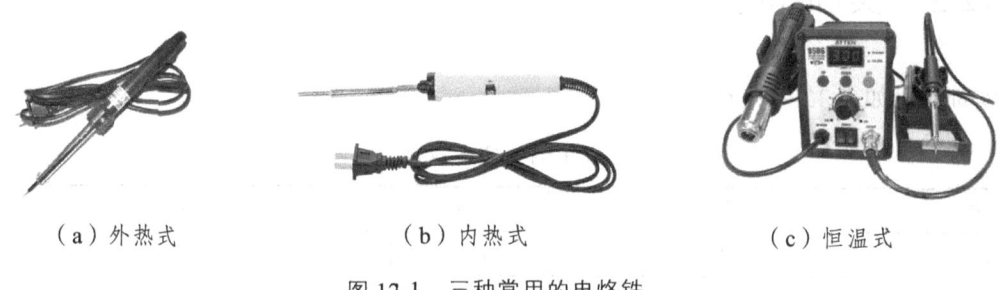

（a）外热式　　　　（b）内热式　　　　（c）恒温式

图 12-1　三种常用的电烙铁

3. 电烙铁与焊锡丝的使用方法

为了能使被焊件焊接牢靠，又不烫伤被焊件周围的元器件及导线，视被焊件的位置、大小及电烙铁的规格大小，适当地选择电烙铁的握法是很重要的。掌握正确的操作姿势，可以保证操作者的身心健康，减少焊剂加热时挥发出的化学物质对人的危害，减少有害气体的吸入量。一般情况下，烙铁到鼻子的距离应不少于 20 cm，通常以 30 cm 为宜。电烙铁使用以后，一定要稳妥地插放在烙铁架上，并注意导线等其他杂物不要碰到烙铁头，以免烫伤导线，造成漏电等事故。

电烙铁的握法可分为三种，如图 11-2 所示。图 11-2 中（a）为反握法，就是用五指把电烙铁的柄握在掌内。此法适用于大功率电烙铁，焊接散热量较大的被焊件。图 11-2（b）所示为正握法，此法使用的电烙铁也比较大，且多为弯形烙铁。图 11-2（c）为握笔法，此法适用于小功率的电烙铁焊接散热小的被焊件，如焊接收音机、电视机的印刷电路及其维修等。

（a）反握法　　　　　　（b）正握法　　　　　　（c）握笔法

图 12-2　电烙铁的握法

特点：反握法的动作稳定，长时间操作不易疲劳，适于大功率烙铁的操作；正握法适于中功率烙铁或带弯头电烙铁的操作；一般在操作台上焊接印制板等焊件时，多采用握笔法。

在使用时，电烙铁温度也有一定要求，主要是根据工作物品形态不同，温度值也有所不同，烙铁头标准温度表如表 12-2 所示。

表 12-2　烙铁头标准温度

工作物品形态	理想温度范围/℃	工作物品形态	理想温度范围/℃
厚度薄的底板	280±11	CHIP	200±20
精细的铜线	300±30	传统件	370±30
多层 P.C 板	435±11	外壳接地	410±30
标准 P.C 板	435±22	接线端子	430±28

焊锡丝一般有两种拿法（见图 12-3），由于焊丝成分中，铅占一定比例，众所周知铅是对人体有害的重金属，因此操作时应戴手套或操作后洗手，避免食入。

　　　　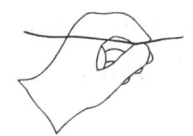

（a）连续焊接时　　　　　　（b）断续焊接时

图 12-3　焊锡丝的拿法

4. 工具使用规则

（1）休息前及新烙铁头使用前应清洁并加锡衣于烙铁头上。
（2）焊接前擦拭头上污物。
（3）海绵保持潮湿（但不能加水太多），每天清洗，以去除锡渣及松香渣。
（4）工作区域保持清洁。食物、化妆品及化学品应当远离工作区域。
（5）握烙铁时务中使稳固握于手中，以免滑落。
（6）电烙铁使用以后，一定要稳妥地放在烙铁架上，并注意导线等物不要碰到烙铁头，以免烫伤导线，造成漏电等事故。

5. 焊接的基本步骤

掌握好烙铁的温度和焊接时间，选择恰当的烙铁头和焊点的接触位置，才可能得到良好的焊点。正确的焊接操作过程可以分成五个步骤，如图 12-4 所示。

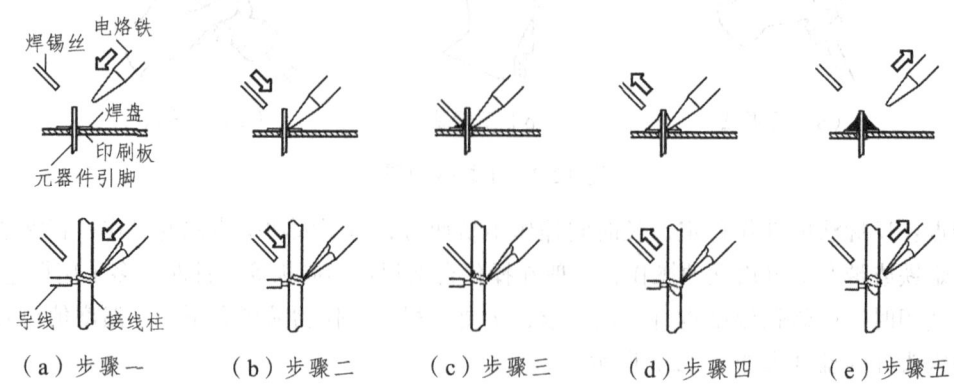

图 12-4　焊接五步法

（1）准备施焊：左手拿焊丝，右手握烙铁，进入备焊状态。要求烙铁头保持干净，无焊渣等氧化物，并在表面镀有一层焊锡。

（2）加热焊件：烙铁头靠在两焊件的连接处，加热整个焊件全体，时间大约为 1~2 s。对于在印制板上焊接元器件来说，要注意使烙铁头同时接触焊盘和元器件的引线。例如，图 12-4（b）中的导线与接线柱要同时均匀受热。

（3）送入焊丝：焊件的焊接面被加热到一定温度时，焊锡丝从烙铁对面接触焊件。注意：不要把焊锡丝送到烙铁头上。

（4）移开焊丝：当焊丝熔化一定量后，立即向左上 45°方向移开焊丝。

（5）移开烙铁：焊锡浸润焊盘和焊件的施焊部位以后，向右上 45°方向移开烙铁，结束焊接。

从第三步开始到第五步结束，时间也是 1~2 s。对于热容量小的焊件，例如印制板上较细导线的连接，可以简化为三步操作：

① 准备：同以上步骤一。

② 加热与送丝：烙铁头放在焊件上后即放入焊丝。

③ 去丝移烙铁：焊锡在焊接面上浸润扩散达到预期范围后，立即拿开焊丝并移开烙铁，并注意移去焊丝的时间不得滞后于移开烙铁的时间。

6. 焊接操作的具体手法

在保证得到优质焊点的目标下，具体的焊接操作手法如下：

（1）保持烙铁头的清洁。焊接时，烙铁头长期处于高温状态，又接触焊剂等弱酸性物质，其表面很容易氧化并沾上一层黑色杂质。这些杂质形成隔热层，妨碍了烙铁头与焊件之间的热传导。因此，要注意随时在烙铁架上蹭去杂质。用一块湿布或湿海绵随时擦拭烙铁头，也是常用的方法之一。对于普通烙铁头，在污染严重时可以使用锉刀锉去氧化层。对于长寿命烙铁头，就绝对不能使用这种方法了。

（2）采用正确的加热方法。加热时，应该让焊件上需要焊锡浸润的各部分均匀受热，而不是仅仅加热焊件的一部分，如图 12-5 所示。当然，对于热容量相差较多的两部分焊件，加热应偏向需热较多的部分，这是顺理成章的。但不要采用烙铁对焊件增加压力的办法，以挽造成损坏或不易觉察的隐患。有些初学者企图加快焊接，用烙铁头对焊接面施加压力，这是不对的。正确的方法是，要根据焊件的形状选用不同的烙铁头，或者自己修正烙铁头，让烙铁头与焊件形成面的接触而不是点或线的接触。这样，就大大提高了效率。

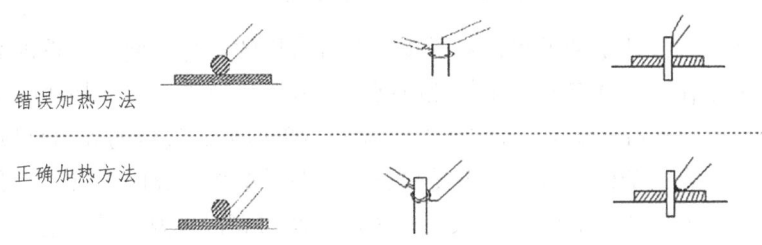

图 12-5　正确的加热方法

（3）加热要靠焊锡桥。在非流水线作业中，一次焊接的焊点形状是多种多样的，我们不可能不断更换烙铁头，要提高烙铁头的效率，需要形成热量传递的焊锡桥如图 12-6 所示。所谓焊锡桥，就是靠烙铁头上保留少量的焊锡作为加热时烙铁头与焊件之间传热的桥梁。显然，由于金属液的导热效率远高于空气，而使焊件很快加热到焊接温度。应注意作为焊锡桥的保留量不可过多，以免造成焊点误连。

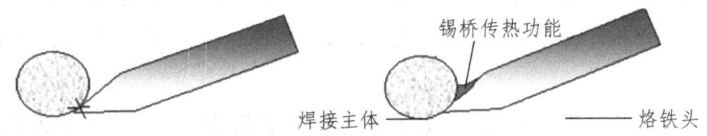

图 12-6　形成热量传递的焊锡桥

（4）烙铁撤离有讲究。烙铁的撤离要及时，而且撤离时的角度的方向与焊点有关。图 12-7 所示为烙铁不同的撤离方向对焊料的影响。

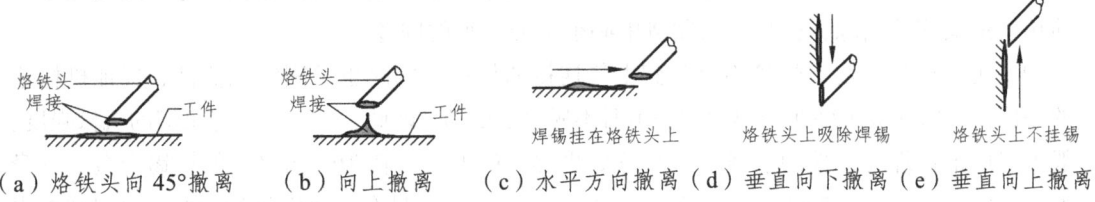

（a）烙铁头向 45°撤离　（b）向上撤离　（c）水平方向撤离（d）垂直向下撤离（e）垂直向上撤离

图 12-7　烙铁撤离方法

（5）在焊锡凝固之前不能动。切勿使焊件移动或受到振动，特别是用镊子夹住焊件时，一定要等焊锡凝固后再移走镊子，否则极易造成虚焊。

（6）焊锡用量要适中。手工焊接常使用管状的焊锡丝，内部已装有松香和活化剂制成的助焊剂。焊锡丝的直径有 0.5 mm、0.8 mm、1.0 mm、…、5.0 mm 等多种规格，要根据焊点的大小选用。一般，应使焊锡丝的直径略小于焊盘的直径。如下图 12-8 所示，过量的焊锡不但浪费材料，还增加焊接时间，降低工作速度。更为严重的是，过量的焊锡很容易造成不易察觉的短路故障。焊锡过少也不能形成牢固的结合，同样是锡桥传热功能焊接主体烙铁头不利的。特别是焊接印制板引出导线时，焊锡用量不足，极容易造成导线脱落。

 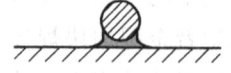 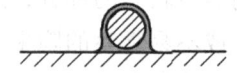

（a）锡量过多浪费　　　　（b）锡量过少强度差　　　　（c）合适的焊锡量合格的焊点

图 12-8　焊锡用量要适中

（7）焊剂量要适中。适量的助焊剂对焊接是非常有用的。过量使用松香焊剂不仅造成焊点周围需要擦除的工作量，并且延长了加热时间，降低工作效率，而当加热时间不足时，容易夹杂到焊锡中形成"夹渣"缺陷。焊接开关、接插件的时候，过量的焊剂容易流到触点处，从而造成接触不良。合适的焊剂量，应该是松香水仅能浸湿将形成的焊点，不会透过印制板流到元件面或插孔里（如 IC 插座）。对使用松香芯焊丝的焊接来说，基本上不需要再涂松香水。目前，印制板生产厂的电路板在出厂前大多进行过松香浸润处理，无须再加助焊剂。

（8）不要用烙铁头作为运载焊料的工具。有人习惯用烙铁头沾上焊锡再去焊接，结果造成焊料的氧化。因为烙铁头的温度一般都在 300 ℃左右，焊锡丝中的焊剂在高温时容易分解失效。在调试、维修工作中，不得已用烙铁时，动作要迅速敏捷，防止氧化造成劣质焊点。

7. 焊接要求及质量检查

电子产品的组装其主要任务是在印制电路板上对电子元器件进行焊锡，焊点的个数从几十个到成千上万个，如果有一个焊点达不到要求，就要影响整机的质量，因此在焊接时，必须做到以下几点：

（1）可靠的电气连接。焊接是电子线路从物理上实现电气连接的主要手段。锡焊连接不是靠压力而是靠焊接过程形成牢固连接的合金层达到电气连接的目的。如果焊锡仅仅是堆在焊件的表面或只有少部分形成合金层，也许在最初的测试和工作中不易发现焊点存在的问题，这种焊点在短期内也能通过电流，但随着条件的改变和时间的推移，接触层氧化，脱离出现了，电路产生时通时断或者干脆不工作，而这时观察焊点外表，依然连接良好，这是电子仪器使用中最头疼的问题，也是产品制造中必须十分重视的问题。

（2）足够机械强度。焊接不仅起到电气连接的作用，同时也是固定元器件、保证机械连接的手段。为保证被焊件在受震动或冲击时不脱落、松动，因此，要求焊点有足够的机械强度。一般可采用把被焊元器件的引线端子打弯后再焊接的方法。作为焊锡材料的铅锡合金，本身强度是比较低的，常用铅锡焊料抗拉强度为 3~4.7 kg/cm²，只有普通钢材的 10%。要想增加强度，就要有足够的连接面积。如果是虚焊点，焊料仅仅堆在焊盘上，那就更谈不上强度了。

（3）光洁整齐的外观。良好的焊点要求焊料用量恰到好处，外表有金属光泽，无拉尖、桥接等现象，并且不伤及导线的绝缘层及相邻元件良好的外表是焊接质量的反映。注意：表面有金属光泽是焊接温度合适、生成合金层的标志，这不仅仅是外表美观的要求。

典型焊点的外观如图 12-9 所示，其共同特点是：外形以焊接导线为中心，匀称、成裙形拉开；焊料的连接呈半弓形凹面，焊料与焊件交界处平滑，接触角尽可能小；表面有光泽且平滑；无裂纹、针孔、夹渣。

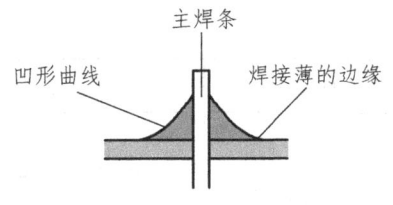

图 12-9 典型焊点外观

焊点的外观检查除用目测（或借助放大镜、显微镜观测）焊点是否合乎上述标准以外，还包括以下几个方面焊接质量的检查：漏焊；焊料拉尖；焊料引起导线间短路（即"桥接"）；导线及元器件绝缘的损伤；布线整形；焊料飞溅。检查时，除目测外，还要用指触、镊子点拨动、拉线等办法检查有无导线断线、焊盘剥离等缺陷。

造成焊接缺陷的原因很多，在材料（焊料与焊剂）与工具（烙铁、夹具）一定的情况下，采用什么样的方式方法以及操作者是否有责任心，就是决定性的因素了。在接线端子上焊导线时常见的缺陷如表 12-3 所示，供检查焊点时参考。表中列出了各种焊点缺陷的外观、特点及危害，并分析了产生的原因。

表 12-3 常见焊点缺陷及分析

焊点缺陷	外观特点	危 害	原因分析
虚焊	焊锡与元器件引线或与铜箔之间有明显黑色界线，焊锡向界凹陷	不能正常工作	① 元器件引线未清洁好，未镀好锡或锡被氧化；② 印制板未清洁好，喷涂的助焊剂质量不好
滋挠动焊	有裂痕，如面包碎片粗糙，接处有空隙	强度低，不通或时通时断	焊锡未干时而受移动
焊料堆积	焊点结构松散、白色、无光泽，蔓延不良接触角大，70°~90°，不规则之圆	机械强度不足，可能虚焊	① 焊料质量不好；② 焊接温度不够；③ 焊锡未凝固时，元器件引线松动
焊料过少	焊接面积小于焊盘的 75%，焊料未形成平滑的过镀面	机械强度不足	① 焊锡流动性差或焊丝撤离过早；② 助焊剂不足；③ 焊接时间太短
焊料过多	焊料面呈凸形	浪费焊料，且可能包藏缺陷	焊丝撤离过迟

续表

焊点缺陷	外观特点	危 害	原因分析
松香夹渣	焊缝中夹有松香渣	强度不足,导通不良,有可能时通时断	①焊剂过多或已失效;②焊接时间不足,加热不足;③表面氧化膜未去除
过热	焊点发白,无金属光泽,表面较粗糙	焊盘容易剥落,强度降低	烙铁功率过大,加热时间过长
冷焊	表面呈豆腐渣状颗粒,有时可能有裂纹	强度低,导电性不好	焊料未凝固前焊件移动
浸润不良	焊料与焊件交界面接触过大,不平滑	强度低,不通或时通时断	①焊料清理不干净;②助焊剂不足或质量差;③焊件未充分加热
蔓延不良	接触角70°~90°,焊接面不连续,不平滑,不规则	强度低,导电性不好	焊接处未与焊锡融合,热或焊料不够,烙铁端不干净
无蔓延	接触角超过90°,焊锡不能蔓延及包掩,呈球状如油沾在有水平面上	强度低,导电性不好	焊锡金属面不相称,另外就是热源本身不相称
不对称	焊锡未流满焊盘	强度不足	①焊料流动性好;②助焊剂不足或质量差;③加热不足
松动	导线或元器件引线可能移动	导通不良或不导通	①焊锡未凝固前引线移动造成空隙;②引线未处理(浸润差或不浸润)
拉尖	出现尖端	外观不佳,容易造成桥接现象	烙铁不洁,或烙铁移开过快使焊处未达焊锡温度,移出时焊锡沾上跟着而形成

续表

焊点缺陷	外观特点	危 害	原因分析
桥接 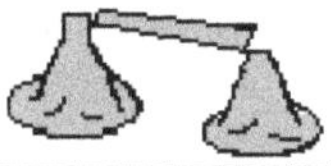	相邻导线连接	电气短路	① 焊锡过多; ② 烙铁撤离角度不当
焊锡短路 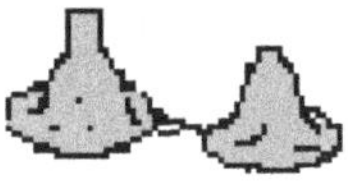	焊锡过多,与相邻焊点连锡短路	电气短路	① 焊接方法不正确; ② 焊锡过多
针孔 	目测或低倍放大镜可见铜箔有孔	强度不足,焊点容易腐蚀	焊锡料的污染不洁、零件材料及环境
气泡 	气泡状坑口,里面凹下	暂时导通,但长时间容易引起导通不良	气体或焊接液在其中,加热及时间不当使焊液未能流出
铜箔剥离 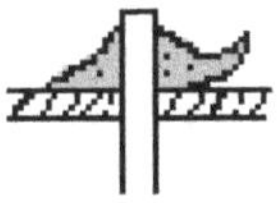	铜箔从印制板上剥离	印制板已损坏	焊接时间太长
焊点剥落 	焊点从铜箔上剥落(不是铜箔与印制板剥离)	断路	焊盘上金属镀层不良

12.4 任务实施

任务一：焊接准备

(1) 清洁实验台。
(2) 准备实验工具,检查电烙铁好坏,清理烙铁头,准备湿海绵等。
(3) 观察需要焊接的元器件,确定焊接顺序、手握方法、烙铁温度等参数。
思考：如果烙铁头不干净,对焊接有什么影响？

任务二：焊接练习

(1) 根据焊接步骤及具体方法进行首个简单元件焊接。

（2）互相检查焊接质量并进行修正。
（3）进行大量焊接练习。

任务三：质量检查与修正

（1）根据焊接要求及质量检查要求检测出有缺陷焊点，并记录。
（2）修正有缺陷焊点。
（3）教师进行质量检查。
思考：你出现的缺陷焊点由什么引起的？应该怎么样修正？

任务四：整理、清洁、思考

（1）将所有仪器放入设备柜内，检查仪器好坏，如有损坏，及时向教师报告。
（2）将剩余元器件规整放入对应的回收箱内。
（3）整理工位，整齐有序。
（4）清洁工位及附近区域。

第 13 章 电工基础技能训练

13.1 基尔霍夫定律

13.1.1 实验目的

（1）学会直流电压表、电流表、万用表的使用。
（2）学习和理解基尔霍夫定律。
（3）学会用电流插头、插座测量各支路电流。

13.1.2 原理说明

基尔霍夫定律是电路的基本定律。测量某电路各支路电流及每个元件两端的电压，应能分别满足基尔霍夫电流定律（KCL）和电压定律（KVL）。即对电路中任一个节点而言，应有 $\Sigma I = 0$；对任何一个闭合回路而言，应有 $\Sigma U = 0$。运用上述定律时必须注意各支路或闭合回路中电流正方向，此方向可预先任意设定。

13.1.3 实验设备

实验设备如表 13-1 所示。

表 13-1 实验设备

序号	名称	型号与规格	数量	备注
1	直流稳压电源	+6 V、+12 V 切换	1	
2	直流可调稳压电源	0～30 V	1	
3	万用表		1	
4	电位、电压测定实验电路板		1	

13.1.4 实验内容与步骤

实验线路如图 13-1 所示。
（1）实验前先任意设定三条支路的电流参考方向，如图中的 I_1、I_2、I_3，并熟悉线路结构，掌握各开关的操作使用方法。

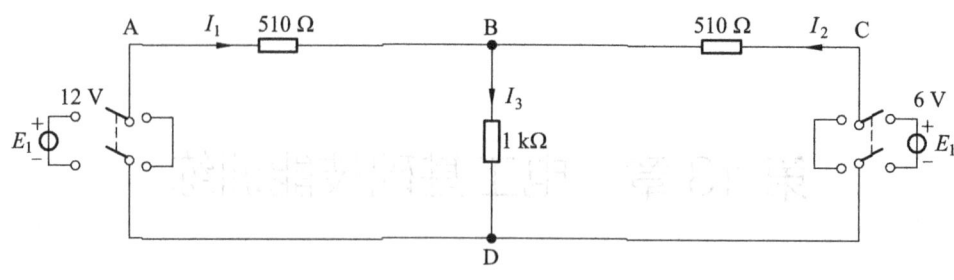

图 13-1 实验电路

（2）熟悉电流插头的结构，将电流插头的两端接至数字毫安表的"+、-"两端。

（3）分别将两路直流稳压源（一路如 E_1 为+12 V；另一路，如 E_2 接 0~30 V 可调直流稳压源）接入电路，令 $E_1 = 12$ V, $E_2 = 6$ V；然后把开关 K_1 打置左边、K_2 打置右边（E_1 和 E_2 共同作用）。

（4）将电流表插头分别插入 AB、BC、BD 三条支路的三个电流插座中，读出并记录电流值。（注意另外两个未测量支路的缺口要用导线连接起来）

（5）用万用表分别测量两路电源及电阻元件上的电压值，分别记录在表 13-2 中。（注意：电路中三个未测量支路电流缺口均要用导线连接起来）

表 13-2 测试结果

被测量	I_1/mA	I_2/mA	I_3/mA	V_{AB}/V	V_{BC}/V	U_{CD}/V	U_{DA}/V	U_{BD}/V
计算值								

13.1.5 实验注意事项

（1）所有需要测量的电压值，均以电压表测量的读数为准，不以电源表盘指示值为准。

（2）防止电源两端碰线短路。

（3）若用指针式电流表进行测量时，要识别电流插头所接电流表时的"+、-"极性。倘若不换接极性，则电表指针可能反偏（电流为负值时），此时必须调换电流表极性，重新测量，此时指针可正偏，但读得的电流值必须冠以负号。

（4）用电流插头测量各支路电流时，应该注意仪表的极性，及数据表格中"+、-"号的记录。

（5）注意仪表量程的及时更换。

13.2 三相交流电路

13.2.1 实验目的

（1）学习三相负载的星形、三角形连接方法。

（2）掌握对称三相电路线电压与相电压、线电流与相电流的关系。

(3)熟悉负载在星形连接时中线的作用。
(4)观察不对称负载作星形连接时的工作情况。

13.2.2 实验器材与设备

三相电源(线电压 220 V)、三相负载、交流电压表、交流电流表、测电流插座。

13.2.3 实验内容与要求

负载星形连接,按表 13-3 要求,分别测量。

表 13-3 测试内容

测量项目		U_{AB}	U_{BC}	U_{CA}	U_{AX}	U_{BY}	U_{CZ}	各相灯数			各相亮度		
测量单位								A	B	C	A	B	C
负载情况及中线	对称 有中线							1	1	1			
	对称 无中线							1	1	1			
	不对称 有中线							1	1	2			
	不对称 无中线							1	1	2			

(1)负载对称(每相负载开启 3 盏灯):在有中线、无中线两种情况下,测量线电压、相电压。观察有无中线两种情况下各相灯泡亮度是否一致。

(2)负载不对称(A、B、C 相各开启 1、1、2 盏灯):在有中线、无中线两种情况下,测量线电压、相电压、线电流(相电流)、中线电压和中线电流。观察有无中线两种情况下各相灯泡亮度是否一致。

13.2.4 预习要求和实验注意事项

(1)复习三相电路的有关内容。
(2)画出三相负载星形连接、三角形连接的电路图。
(3)接拆线路必须断电,线路接好后,必须经教师检查后才可接通电源,在操作过程中,要注意人身和设备安全。

13.2.5 实验报告要求

(1)据实验数据,计算当负载对称时:星形连接 U_L/U_P 的值,三角形连接 I_L/I_P 的值。
(2)用实验结果分析三相电路星形连接时中线的作用。
(3)根据实验结果,说明原应作三角形连接的负载,如误接成星形,会产生什么后果。而原应作星形连接的负载,如误接成三角形,会产生什么后果。

13.3 常见低压电器的识别、安装和运用

13.3.1 实训目的

（1）学习并熟练使用各种常用电工工具和仪表的使用方法。
（2）熟悉 THWD-3 维修电工实训台结构布局与接线的基本要求。
（3）熟悉实训台上交流接触器、低压断路器、熔断器、热继电器、控制按钮等低压电器的基本结构、型号规格，并熟练掌握它们的安装与使用。
（4）学会三相异步电动机的点动控制的接线和操作方法。
（5）学习电器排列、布局和接线方案，培养实际动手操作技能。
（6）学习分析故障、排除故障的方法。

13.3.2 实训设备与器材

THWD-3 维修电工实训台、万用表、剥线钳、平口起、十字起等电工工具。

13.3.3 实训内容与步骤

（1）低压电器的识别。
① 查看实训台上已学习的各种低压电器，读取他们的型号与参数，熟悉它们的用途与连接方法。
② 了解低压电器型号的意义。
③ 记录各种电器铭牌数据，并用万用表判断导线、电磁线圈、触头是否完好。
（2）学习使用万用表、剥线钳、兆欧表等电工工具与仪表。
（3）三相异步电动机点动控制。
① 在 THWD-3 维修电工实训台上找出交流接触器、低压断路器、熔断器、热继电器、控制按钮等，了解其结构和动作原理。
② 按照图 13-2 安装接线。
具体注意以下几点：先主（A—黄色线，B—绿色线 C—红色线）后控（一条用一种颜色线），自上而下；横平竖直，变换走向应垂直；导线与接线端子或线桩连接时，应不压绝缘层、不反圈及不露铜过长；一个电器元件接线端子上的连接导线不得超过两根；同一平面的导线应高低一致或前后一致，不能交叉；布线时，严禁损伤线芯和导线绝缘。
（4）控制实验。
经教师检查后，通电试车。
① 接通电源。合上三相电源开关 QS。
② 启停实验。按下启动按钮 SB，接触器 KM 线圈得电→KM 主触头闭合→电动机 M 启动运转（观察线路和电动机运行有无异常现象）；松开启动按钮 SB→接触器 KM 线圈失电→KM 主触头断开→电动机停转，这就是所谓的点动控制电路。

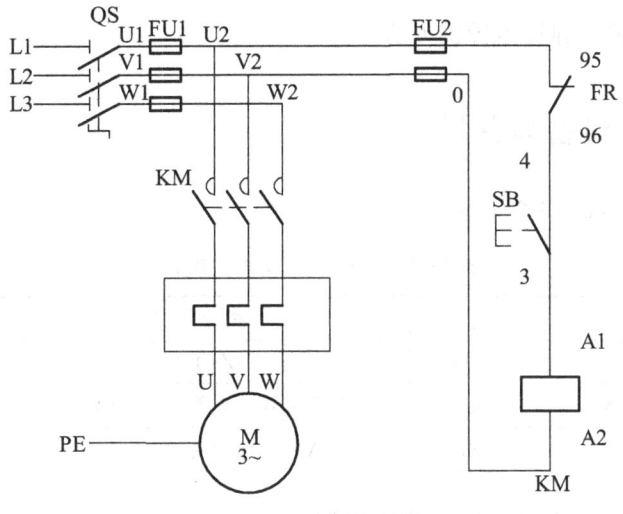

图 13-2　安装接线图

（5）实验结束。

① 实验工作结束后，应切断电动机的三相交流电源。

② 拆除控制线路、主电路和有关实验电器。

③ 将各电气设备和实验物品按规定位置安放整齐。

13.3.4　实验注意事项

（1）电动机和按钮的金属外壳必须可靠接地。接至电动机的导线必须穿在导线通道内加以保护，或采用坚韧的四芯橡皮线或塑料护套线进行临时通电校验。

（2）电源进线应接在螺旋式熔断器底座的中心端上，出线应接在螺纹外壳上。

（3）按钮内接线时，用力不能过猛，以防螺钉打滑。

（4）接线时一定要认真仔细，不可接错。

（5）接电前必须经教师检查无误后，才能通电操作。

（6）实验中一定要注意安全操作。

13.4　三相异步电动机具有过载保护自锁控制线路

13.4.1　实训目的

（1）熟练使用各种常用电工工具和仪表。

（2）掌握交流接触器、低压断路器、熔断器、热继电器、控制按钮等低压电器的使用接线方法。

（3）理解自锁的作用和实现方法，正确识读三相笼形异步电动机单向启动和连续运行电路的工作原理图，能够按照工艺要求完成电路的安装接线与调试。

（4）学习分析故障、排除故障的方法。

13.4.2 实训设备与器材

实训设备与器材如表 13-4 所示。

表 13-4 实训所需设备、器材

序号	名称	符号	型号规格	数量	备注
1	三相隔离开关	QS	HZ10-25/3	1	表中所列设备器材的型号规格仅供参考
2	交流接触器	KM	CJ20-16（线圈电压 380 V）	3	
3	按钮盒	SB	LA4-3H（三个复合按钮）	1	
4	热继电器	FR		2	
5	熔断器	FU1	RL6-25 配 20 A 熔芯	3	
6	熔断器	FU2	RL1-15 配 2 A 熔芯	3	
7	接线端子		JF5-10 A	若干	
8	塑料线槽		35 mm×30 mm	若干	
9	导线		BVR1.5mm^2、BV1mm^2	若干	
10	异形号码管		与导线线径相符	若干	
11	常用电工工具		十字起、一字起、尖嘴钳、剥线钳等	1 套	
12	螺钉			若干	
13	万用表		MF47 型	1	
14	三相笼型异步电动机	M		1	

13.4.3 实训内容与步骤

（1）认真阅读图 13-3 电路，理解电路的工作原理。

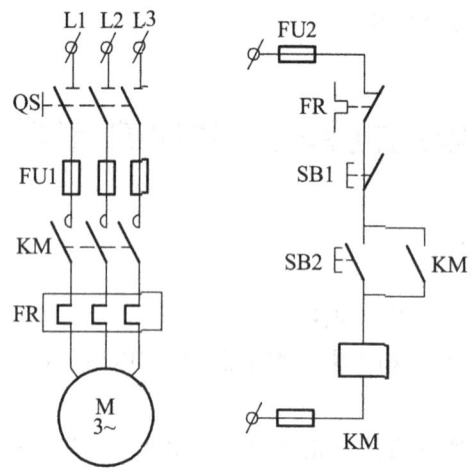

图 13-3 具有过载保护自锁控制线路

（2）检查元器件是否完好，查看各电器型号、规格，明确使用方法。
（3）电路安装。
① 根据原理图合理安排所用到的电器、线槽位置的摆放。
② 安装电器与线槽。
③ 根据电气原理图正确接线，先接主电路，后接控制电路。
（4）检查电路。首先自查，确认无误后请教师检查，得到允许方可通电试车。
（5）通电试车，观察能否实现电动机的连续运行控制。
（6）结束实训，切断电源。确保在断电情况下进行拆除连接导线和电器元件，清点实训设备与器材。

13.4.4 实验注意事项

（1）电动机和按钮的金属外壳必须可靠接地。接至电动机的导线必须穿在导线通道内加以保护，或采用坚韧的四芯橡皮线或塑料护套线进行临时通电校验。
（2）电源进线应接在螺旋式熔断器底座的中心端上，出线应接在螺纹外壳上。
（3）按钮内接线时，用力不能过猛，以防螺钉打滑。
（4）接线时一定要认真仔细，不可接错。
（5）接电前必须经教师检查无误后，才能通电操作。
（6）实验中一定要注意安全操作。

13.5　三相异步电动机的正反转控制

13.5.1 实训目的

（1）熟练使用各种常用电工工具和仪表。
（2）掌握交流接触器、低压断路器、熔断器、热继电器、控制按钮等低压电器的使用接线方法。
（3）理解互锁的意义与实现方法。
（4）通过动手操作，进一步理解正反转控制电路的原理。
（5）通过分组协作完成实训项目，培养团队合作意识。

13.5.2 实训设备与器材

实训设备与器材如表 13-5 所示。

表 13-5 实训所需设备、器材

序号	名称	符号	型号规格	数量	备注
1	三相隔离开关	QS	HZ10-25/3	1	表中所列设备器材的型号规格仅供参考
2	交流接触器	KM	CJ20-16（线圈电压 380 V）	3	
3	按钮盒	SB	LA4-3H（三个复合按钮）	1	
4	热继电器	FR		2	
5	熔断器	FU1	RL6-25 配 20A 熔芯	3	
6	熔断器	FU2	RL1-15 配 2A 熔芯	3	
7	接线端子		JF5-10A	若干	
8	塑料线槽		35 mm×30 mm	若干	
9	导线		BVR1.5mm²、BV1mm²	若干	
10	异形号码管		与导线线径相符	若干	
11	常用电工工具		十字起、一字起、尖嘴钳、剥线钳等	1 套	
12	螺钉			若干	
13	万用表		MF47 型	1	
14	三相笼型异步电机	M		1	

13.5.3 实训内容与步骤

（1）认真阅读图 13-4 所示的实训电路，理解电路的工作原理。

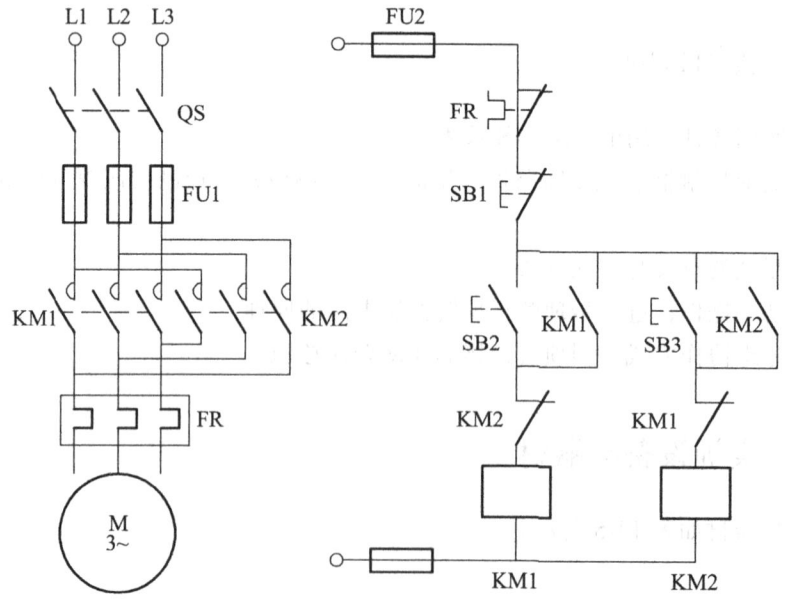

图 13-4 三相异步电动机的正反转控制线路

（2）检查元器件是否完好，查看各电器型号、规格，明确使用方法。

（3）电路安装。

① 根据原理图合理安排所用到的电器、线槽位置的摆放。

② 安装电器与线槽。

③ 根据电气原理图正确接线，先接主电路，后接控制电路。

（4）检查电路。首先自查，确认无误后请教师检查，得到允许方可通电试车。

（5）通电试车，观察能否实现电动机的 Y-△减压启动控制。

（6）结束实训，切断电源。确保在断电情况下进行拆除连接导线和电器元件，清点实训设备与器材。

13.5.4 实验注意事项

（1）电动机和按钮的金属外壳必须可靠接地。接至电动机的导线必须穿在导线通道内加以保护，或采用坚韧的四芯橡皮线或塑料护套线进行临时通电校验。

（2）电源进线应接在螺旋式熔断器底座的中心端上，出线应接在螺纹外壳上。

（3）按钮内接线时，用力不能过猛，以防螺钉打滑。

（4）接线时一定要认真仔细，不可接错。

（5）接电前必须经教师检查无误后，才能通电操作。

（6）实验中一定要注意安全操作。

13.6 三相异步电动机 Y-△减压启动控制

13.6.1 实训目的

（1）熟练使用各种常用电工工具和仪表。

（2）掌握交流接触器、低压断路器、熔断器、热继电器、控制按钮、时间继电器等低压电器的使用接线方法。

（3）通过动手操作，进一步加深对所学 Y-△减压启动电路的理解与掌握。

（4）通过分组协作完成实训项目，培养团队合作意识。

13.6.2 实训设备与器材

实训设备与器材如表 13-6 所示。

表 13-6 实训所需设备、器材

序号	名称	符号	型号规格	数量	备注
1	三相隔离开关	QS	HZ10-25/3	1	表中所列设备器材的型号规格仅供参考
2	交流接触器	KM	CJ20-16（线圈电压 380 V）	3	
3	按钮盒	SB	LA4-3H（三个复合按钮）	1	
4	热继电器	FR		2	
5	熔断器	FU1	RL6-25 配 20 A 熔芯	3	
6	熔断器	FU2	RL1-15 配 2 A 熔芯	3	
7	接线端子		JF5-10A	若干	
8	塑料线槽		35 mm×30 mm	若干	
9	导线		BVR1.5mm²、BV1mm²	若干	
10	异形号码管		与导线线径相符	若干	
11	常用电工工具		十字起、一字起、尖嘴钳、剥线钳等	1 套	
12	螺钉			若干	
13	万用表		MF47 型	1	
14	三相笼型异步电机	M		1	
15	电子式时间继电器	KT		1	

13.6.3 实训内容与步骤

（1）认真阅读图 13-5 所示的实训电路，理解电路的工作原理。

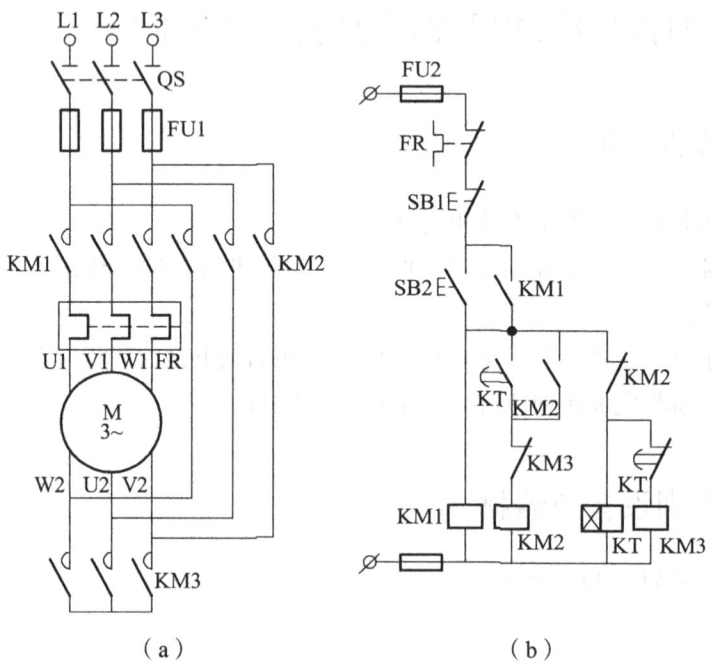

（a）　　　　　　　　（b）

图 13-5 星形—三角形减压启动控制电路

（2）检查元器件是否完好，查看各电器型号、规格，明确使用方法。
（3）电路安装。
① 根据原理图合理安排所用到的电器、线槽位置的摆放。
② 安装电器与线槽。
③ 根据电气原理图正确接线，先接主电路，后接控制电路。
（4）检查电路。首先自查，确认无误后请教师检查，得到允许方可通电试车。
（5）通电试车，观察能否实现电动机的 Y-△ 减压启动控制。
（6）结束实训，切断电源。确保在断电情况下进行拆除连接导线和电器元件，清点实训设备与器材。

13.6.4 实验注意事项

（1）电动机和按钮的金属外壳必须可靠接地。接至电动机的导线必须穿在导线通道内加以保护，或采用坚韧的四芯橡皮线或塑料护套线进行临时通电校验。
（2）电源进线应接在螺旋式熔断器底座的中心端上，出线应接在螺纹外壳上。
（3）按钮内接线时，用力不能过猛，以防螺钉打滑。
（4）接线时一定要认真仔细，不可接错。
（5）接电前必须经教师检查无误后，才能通电操作。
（6）实验中一定要注意安全操作。

13.7 模拟照明线路安装

13.7.1 实验目的

（1）能正确识别照明器件与材料，并能检查好坏和正确使用。
（2）能根据控制要求和提供的器件，设计出控制电路图。
（3）学会照明电路各种线路的敷设的装接与维修，掌握工艺要求。

13.7.2 实训材料与工具

（1）电工刀、尖嘴钳、一字起、十字起各一把。
（2）芯线截面为 $1\ mm^2$ 和 $2.5\ mm^2$ 的单股绝缘铜线（BV 或 BVV）若干；线槽、线管若干；塑料绝缘胶带若干；固定用材料，等。
（3）照明器件：日光灯组件 1 套、白炽灯 1 个、白炽灯座 1 个、三线插座 1 个、开关底盒 2 个、两极漏电开关（两极断路器开关）1 个、单相电度表 1 只、刀闸 1 只。

13.7.3 实训前准备

(1) 了解照明电路实际应用、照明原理图和系统图,以及线路敷设的种类。
(2) 明确照明电路接线方式、安装与工艺要求。
(3) 明确元器件的基本分类与常用型号安装要求。

13.7.4 实训内容

(1) 根据所提供材料和电路功能要求,设计电路并绘出电路原理图。
(2) 根据现场确定照明线路敷设方式。
(3) 选择器件并装接线路,电路故障排除。

13.7.5 实训步骤

1. 电路的功能要求

(1) 本电路应有过载、短路、漏电保护功能。
(2) 能计量电路用电量。
(3) 用一开关控制所有负载。
(4) 用两只开关分别控制一盏白炽灯和一盏日光灯。

2. 电路的设计

(1) 根据各项功能的要求,画出原理图,如图13-6所示。

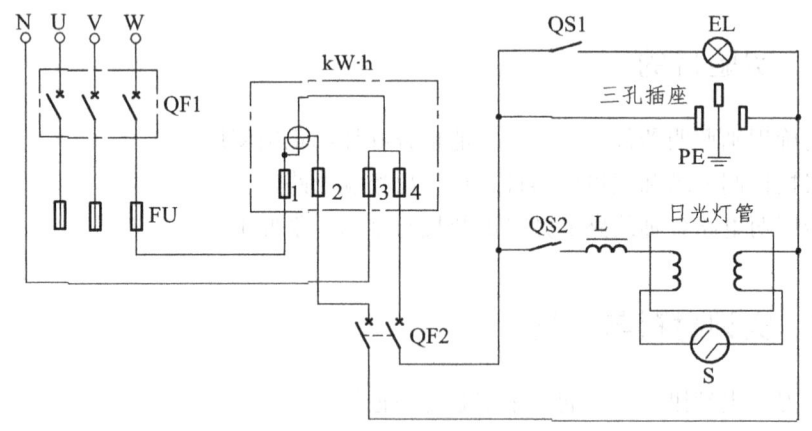

图 13-6 照明线路原理图

(2) 原理图分析:合上 QF1 后,单相电度表得电,并不转动,合上 QF2,电路进入通电状态。合上 QS1,白炽灯 EL1 发亮,电度表表盘旋转(从左向右转),计量开始。由于有两盏灯同时发光,负荷增大,因此电度表表盘的转速比刚才的速度快了一点;合上 QS2,日光灯启动,日光灯发光,负荷最大,表盘的转速最快。

3. 选择元器件和导线

根据电路负荷，电路的计算电流以 5 A 来计算。

（1）空气熔断器的选择。QF1：25 A、500 V 三极带漏电断路器。

（2）单相功率表的选择。kW·h：5A、DT862 型单相电度表。

（3）导线的选择。BV：2.5 mm² 铜单芯塑料绝缘导线。

（4）日光灯的选择：20 W、250 V。

（5）白炽灯的选择：EL：40 W、250 V。

（6）底盒与开关配套。

4. 线路的安装

根据实训现场情况，确定采用板面布线，在板面上安装出美观、符合要求照明电路。

（1）布局：根据电路图，确定各器件安装位置，布局合理，结构紧凑，控制方便，美观大方。

（2）固定器件：将选择好的器件和开关底盒固定在板上，排列各个器件时必须整齐。固定的时候，先对角固定，再两边固定。要求可靠、稳固。

（3）布线：先处理好导线，将导线拉直，消除弯、折；从上到下，由左到右，先串联后并联；布线要横平竖直，转弯成直角，少交叉，多根线并拢平行走。在走线的时候必须注意"左零右火"的原则（即左边接零线，右边接火线）。

（4）接线：接头牢固，无露铜、反圈、压胶，绝缘性能好，外形美观。红色线接电源火线（L），黑色线接零线（N），黄绿双色线专作地线（PE）；火线过开关，零线一般不进照明开关底盒；电源火线进线接单相电度表端子"1"，电源零线进线接端子"3"，端子"2"为火线出线，端子"4"为零线出线。

5. 检查电路

用肉眼观看电路，看有没有接出多余的线头，每条线是否严格按要求来接，每条线有没有接错位，注意电度表有无接反，开关有无接错，等等。用万用表检查，将表打到欧姆挡的位置，断开开关 QF1，把两表笔分别放在火线与零线上，表盘上会显示出电度表电压线圈的电阻值，分别合上各开关，电阻值应做相应的变化。用 500 V 万用表测量线路绝缘电阻，应不小于 0.22 MΩ。

6. 通电

由电源端开始往负载依次顺序送电，停电顺序相反。

首先合上 QF1，按下漏电保护断路器实验按钮，漏电保护断路器应跳闸，重复两次操作；正常后，合上 QF2，然后合上开关 K1，EL1 发亮；合上开关 K2，EL2 发亮；再合上 K3，日光灯正常发亮。

7. 故障排除

操作各功能开关时，若不符合功能要求，应立即停电，用万用表欧姆挡检查电路。用电位法带电排除电路故障时,切要注意人身安全和万用表挡位。

8. 安全文明要求

(1) 未经指导教师同意,不得通电,通电试运行要按电工安全要求操作。
(2) 要节约导线材料(尽量利用使用过的导线)。
(3) 操作时应保持工位整洁,完成全部操作后应马上把工位清洁干净。
(4) 做好实训记录,整理实训报告。

第 14 章　常用电工工具的使用与维护保养

14.1　验电器的使用和使用时的安全要求

1. 验电器的使用方法

低压验电器（试电笔）使用时，正确的握笔方法如图 14-1 所示。手指触及其尾部金属体，氖管背光朝向使用者，以便验电时观察氖管辉光情况。

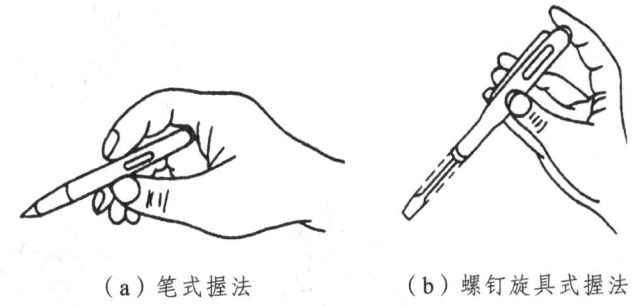

（a）笔式握法　　（b）螺钉旋具式握法

图 14-1　低压验电器握法

当被测带电体与大地之间的电位差超过 60 V 时，用试电笔测试带电体，试电笔中的氖管就会发光。低压验电器电压测试范围是 60～500 V。

高压验电器使用时，应特别注意的是，手握部位不得超过护环，还应戴好绝缘手套。高压验电器握法如图 14-2 所示。

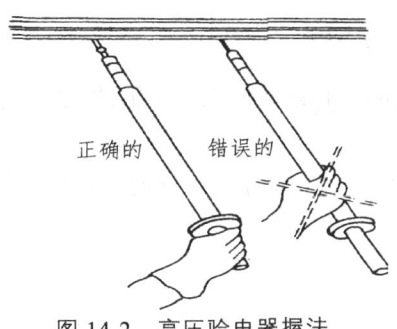

图 14-2　高压验电器握法

2. 验电器的使用要求

（1）验电器使用前应在确有电源处测试检查，确认验电器良好后方可使用。

（2）验电时应将电笔逐渐靠近被测体，直至氖管发光。只有在氖管不发光时，并在采取防护措施后，才能与被测物体直接接触。

（3）使用高压验电器验电时，应一人测试，一人监护；测试人必须戴好符合耐压等级的绝缘手套；测试时要防止发生相间或对地短路事故；人体与带电体应保持足够的安全距离。

（4）在雪、雨、雾及恶劣天气情况下不宜使用高压验电器，以避免发生危险。

14.2 钢丝钳的使用

1. 钢丝钳的使用方法

钢丝钳使用方法如图14-3所示。

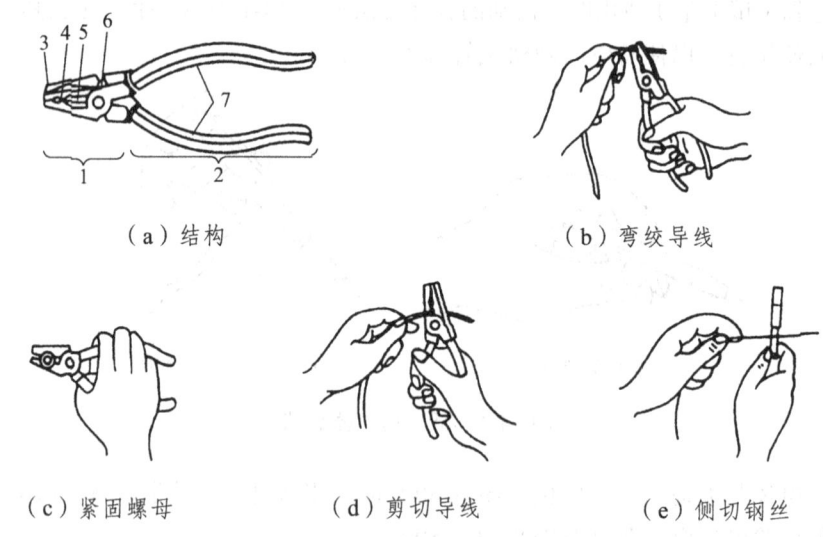

1—钳头；2—钳柄；3—钳口；4—齿口；5—刀口；6—铡口；7—绝缘套。

图14-3 钢丝钳的结构和用途

2. 使用钢丝钳时的注意事项

（1）电工在使用钢丝钳之前，必须保证绝缘手柄的绝缘性能良好，以保证带电作业时的人身安全。

（2）用钢丝钳剪切带电导线时，严禁用刀口同时剪切相线和零线；或同时剪切两根相线，以免发生短路事故。

14.3 尖嘴钳的使用

图14-4为尖嘴钳的实物图。尖嘴钳的头部尖细，适用于在狭小的空间操作。钳头用于夹

持较小螺钉、垫圈、导线和把导线端头弯曲成所需形状,小刀口用于剪断细小的导线、金属丝等。尖嘴钳规格通常按其全长分为 130 mm、160 mm、180 mm、200 mm 四种。

尖嘴钳手柄套有绝缘耐压 500 V 的绝缘套。使用注意事项与钢丝钳注意事项相同。

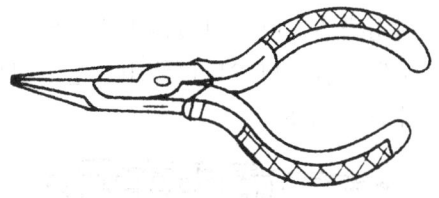

图 14-4 尖嘴钳的外形

14.4 螺丝刀的使用

1. 螺丝刀的使用方法

螺丝刀又称起子或改锥,是用来紧固或拆卸带槽螺钉的常用工具。按头部形状可分为一字形和十字形两种。如图 14-5 所示。正确的使用方法如图 14-6 所示。

(a)一字形　　　　　　　　　　(b)十字形

图 14-5 螺丝刀

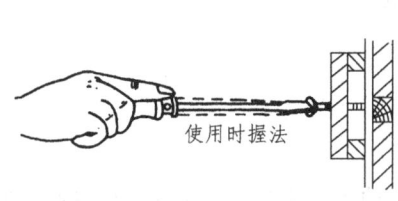

(a)大螺丝钉螺丝刀的用法　　　(b)小螺丝钉螺丝刀的用法

图 14-6 螺丝刀的使用

2. 使用螺丝刀时的注意事项

(1)电工不可使用金属杆直通柄顶的螺丝刀,以避免触电事故的发生。

(2)用螺丝刀拆卸或紧固带电螺栓时,手不得触及螺丝刀的金属杆,以免发生触电事故。

(3)为避免螺丝刀的金属杆触及带电体时手指碰触金属杆,电工用螺丝刀应在螺丝刀金属杆上穿套绝缘管。

14.5　电工刀的使用及安全常识

使用电工刀时，刀口应朝外部切削，切忌面向人体切削。剖削导线绝缘层时，应使刀面与导线成较小的锐角，以避免割伤线芯。电工刀刀柄无绝缘保护，不能接触或剖削带电导线及器件。新电工刀刀口较钝，应先开启刀口然后再使用。电工刀使用后应随即将刀身折进刀柄，注意避免伤手。电工刀如图 14-7 所示。

图 14-7　电工刀

14.6　剥线钳的使用

剥线钳用来剥削直径 3 mm 及以下绝缘导线的塑料或橡胶绝缘层，其外形如图 14-8 所示。它由钳口和手柄两部分组成。剥线钳钳口分有 0.5~3 mm 的多个直径切口，用于与不同规格线芯线直径相匹配，切口过大难以剥离绝缘层，切口过小会切断芯线。

剥线钳也装有绝缘套。剥线钳的外形如图 14-8 所示。

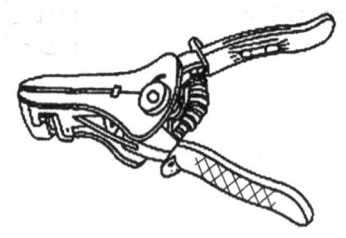

图 14-8　剥线钳

14.7　手电钻的使用

手电钻是一种头部装有钻头、内部装有单相电动机，靠旋转来钻孔的手持电动工具。它有普通电钻和冲击电钻两种。冲击电钻的外形如图 14-9 所示。

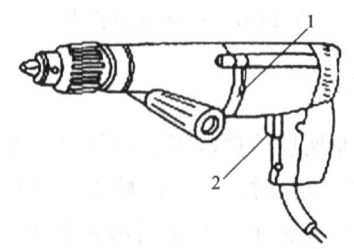

1—锤、钻调节开关；2—电源开关。

图 14-9　冲击钻

14.8　拆卸器的使用

拆卸器是拆装皮带轮、联轴器及轴承的专用工具。

用拆卸器拆卸皮带轮（或联轴器）时，应首先将紧固螺栓或销子松脱，并摆正拆卸器，将丝杆对准电机轴的中心，慢慢拉出皮带轮。若拆卸困难，可用木槌敲击皮带轮外圆和丝杆顶端，也可在支头螺栓孔注入煤油后再拉。如果仍然拉不出来，可对皮带轮外表加热，在皮带轮受热膨胀而轴承尚未热透时，将皮带轮拉出来。切忌硬拉或用铁锤敲打。

加热时可用喷灯或气焊枪，但温度不能过高，时间不能过长，以免造成皮带轮损坏。

14.9　游标卡尺的使用

1. 游标卡尺的使用方法

游标卡尺如图 14-10 所示。使用前应检查游标卡尺是否完好，游标零位刻度线与尺身零位线是否重合。测量外尺寸时，应将两外测量爪张开到稍大于被测件。测量内尺寸时，则应将两内测量爪张开到稍小于被测件，并将固定量爪的测量面贴紧被测件，然后慢慢轻推游标使两测量爪的测量面紧贴被测件，拧紧固定螺钉，读数。

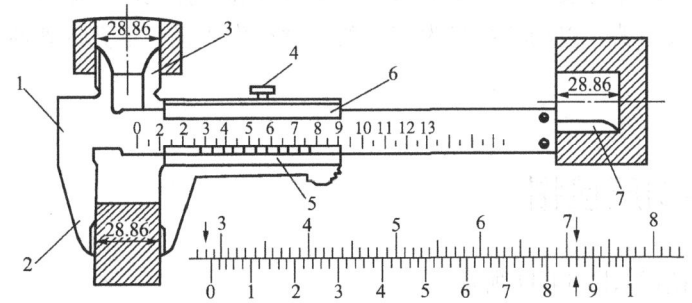

1—尺身；2—外测量爪；3—内测量爪；4—紧固螺钉；5—游标；6—尺框；7—深度尺。

图 14-10　游标卡尺及量值读数

2. 读数方法

读数时，首先从游标的零位线所对尺身刻度线上读出整数的毫米值，再从游标上刻度线与尺身刻度线对齐处读出小数部分的毫米值，将两数值相加即为被测件的测量游标卡尺读数。

游标卡尺使用完毕，应擦拭干净。长时间不用时，应涂上防锈油保管。

14.10　千分尺的使用

1. 千分尺的使用方法

测量前应将千分尺的测量面擦拭干净，检查固定套筒中心线与活动套筒的零线是否重合，活动套筒的轴向位置是否正确。有问题必须进行调整。测量时,将被测件置于固定测砧与测微螺杆之间,一般先转动活动套筒,当千分尺的测量面刚接触到工件表面时,改用棘轮微调,待棘轮开始空转发出嗒嗒声响时,停止转动棘轮,即可读数。

2. 读数方法

读数时要先看清楚固定套筒上露出的刻度线,此刻度可读出毫米或半毫米的读数。然后再读出活动套筒刻度线与固定套筒中心线对齐的刻度值(活动套筒上的刻度每一小格为 0.01 mm),将两读数相加就是被测件的测量值。

3. 使用注意事项

使用千分尺时,不得强行转动活动套筒;不要把千分尺先固定好后,用力向工件上卡,以避免损伤测量面或弄弯螺杆。千分尺用完后应擦拭干净,涂上防锈油存放在干燥的盒子中。为保证测量精度,应定期检查校验。

14.11 塞尺的使用

塞尺又称测微片或厚薄规。使用前必须先清除塞尺和工件上的污垢与灰尘。使用时可用一片或数片重叠插入间隙,以稍感拖滞为宜。测量时动作要轻,不允许硬插。也不允许测量温度较高的零件。

14.12 手动压接钳

LTY 型手动压接钳如图 14-11 所示。

用压接钳对导线进行冷压接时,应先将导线表面的绝缘层及油污清除干净,然后将两根需要压接的导线头对准中心,在同一轴上,接着用手扳动压接钳的手柄,压 2~3 次。铝—铜接头应压 3~4 次。国产 LTY 型手动压接钳可以压接直径为 1.3~3.6 mm 的铝—铝导线和铝—铜导线。

图 14-11　LTY 型手动压接钳

参考文献

[1] 沈许龙. 电工基础与技能训练[M]. 2版. 北京：电子工业出版社，2015.

[2] 王和平. 电工基础实验与实用技能训练[M]. 北京：石油工业出版社，2013.

[3] 李贤温. 电工基础与技能[M]. 北京：电子工业出版社，2006.

[4] 周绍敏. 电工技术基础与技能[M]. 北京：高等教育出版社，2010.

[5] 吕爱华，王彦. 电工基础与技能[M]. 北京：北京师范大学出版社，2016.

[6] 袁佩宏. 电工技术基础与技能[M]. 北京：机械工业出版社，2015.

[7] 谈文洁，蒙俊健. 电工基础与技能[M]. 北京：科学出版社，2018.

[8] 杜德昌. 电工技术基础与技能[M]. 北京：人民邮电出版社，2010.

[9] 黄宗放. 电工基础与基本技能项目教程[M]. 北京：电子工业出版社，2012.

[10] 刘洋，何建铵. 电工技术基础与技能[M]. 重庆：重庆大学出版社，2015.

[11] 杨清德. 电工技术基础与技能[M]. 重庆：重庆大学出版社，2018.

[12] 郎永强. 图解电工基础[M]. 北京：机械工业出版社，2015.

[13] 强生泽，阮喻，杨贵恒，等. 电工技术基础与技能[M]. 北京：化学工业出版社，2019.

[14] 鹿学俊，于光明. 电工技术基础与技能[M]. 北京：清华大学出版社，2012.

[15] 吉跃仁. 电工基础及技能训练[M]. 北京：清华大学出版社，2016.

[16] 周继功，翟全. 电工基础技能与训练[M]. 天津：南开大学出版社，2014.